Physiologische Anleitung
zu einer
zweckmäßigen Ernährung

Von

Dr. Paul Jensen

o. ö. Professor der Physiologie und Direktor des physiologischen
Instituts der Universität Göttingen

Mit 9 Textfiguren

Springer-Verlag Berlin Heidelberg GmbH
1918

Alle Rechte, insbesondere das der
Übersetzung in fremde Sprachen, vorbehalten.
Copyright by Springer-Verlag Berlin Heidelberg 1918.
Ursprünglich erschienen bei Julius Springer 1918.

ISBN 978-3-662-42109-3   ISBN 978-3-662-42376-9 (eBook)
DOI 10.1007/978-3-662-42376-9

Vorwort.

Die vorliegende Schrift ist aus zwei Vorträgen hervor-
gegangen, die ich im Oktober und November 1917 im Haus-
frauenverein zu Göttingen hielt. Wie dort, so wollte ich auch
hier den Versuch machen, die wichtigsten Fragen, die uns in
dem Problem der Ernährung entgegentreten, in einer möglichst
leicht verständlichen und übersichtlichen Weise zu beantworten. Daher wurde aus dem reichhaltigen sich darbietenden
Stoff nur das ausgewählt, was mir zum Verständnis der Haupt-
fragen notwendig schien, und zahlreiche Gelegenheiten, inter-
essante Nebenfragen aufzugreifen und so den Inhalt reichhal-
tiger zu gestalten, absichtlich ungenutzt gelassen. Denn ein
Zuviel des Stoffes konnte leicht die Übersichtlichkeit stören
und verwirrend wirken. Wer weiteren Fragen nachzugehen
wünscht, findet die Möglichkeit hierfür in der von mir zitierten
Literatur.

Als Leser denke ich mir nicht nur Hausfrauen, deren
Wünsche die Veranlassung zur Entstehung dieser Schrift gegeben haben, sondern ich hoffe mit diesen Darlegungen auch
einem von Männern nicht selten gefühlten Bedürfnisse ent-
gegenkommen zu können.

Göttingen, im März 1918.   Paul Jensen.

Inhaltsverzeichnis.

I. Einleitung.

Auf der Schule haben wir den Satz gelernt: „Wir essen, um zu leben; wir leben nicht, um zu essen."

Vor dem Kriege konnte man vielleicht mitunter den Eindruck gewinnen, als ob die Wirklichkeit diesen Satz umgekehrt hätte. Jetzt aber ist es uns wieder eindringlich klar geworden: Wir essen wirklich, um zu leben. Das führt uns gleich zu den fundamentalen Fragen: Worin besteht das „Leben", für das wir Essen, also Nahrungszufuhr, brauchen, und welchen Anforderungen muß die Nahrung genügen, wenn sie ihren Zweck erfüllen soll?

Auf die Frage, was das „Leben" sei, möge nur mit einigen kurzen Andeutungen geantwortet werden.

Der gesamte körperliche Lebensprozeß des Menschen, von dem auch sein geistiges Leben abhängig ist, erweist sich als zusammengesetzt aus den Lebensprozessen einer ungeheuren Menge mikroskopisch kleiner Elementarbestandteile, der Zellen. Diese bestehen mindestens aus dem sehr verschieden geformten „Protoplasma" und dem in letzteres eingebetteten „Zellkern", häufig aber noch aus mannigfachen anderen Bestandteilen, sei es Umhüllungen oder Einschlüssen. Wir unterscheiden Nervenzellen, Muskelzellen, Drüsenzellen, Sinneszellen, Bindegewebszellen, Knochenzellen, Zellen der äußeren Haut, der Schleimhäute usw. (s. Fig. 1). Außer den Zellen beteiligen sich dann am Aufbau des Körpers noch die „Plasmaprodukte", von Zellen erzeugte, sehr verschiedenartige feste und flüssige Substanzen und Gebilde. Ihre Hauptmasse machen die „Interzellularsubstanzen" aus, die den Zellen und ihren Verbänden zur Stütze, Umhüllung und Formgebung dienen; von sonstigen Plasmaprodukten seien noch genannt einerseits

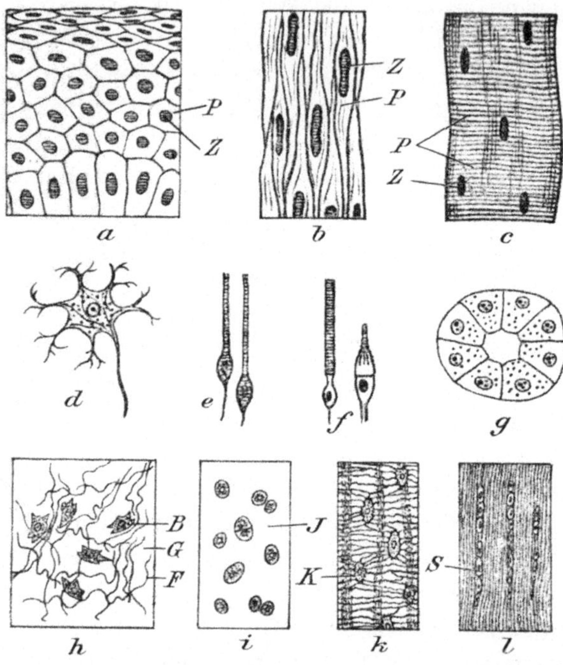

Figur 1.

Mikroskopische Bilder von Zellen und Interzellularsubstanzen (Plasmaprodukten). *P* bedeutet stets Protoplasma, *Z* Zellkern. *a* Epithelzellen eines Stückes Oberhaut (Epidermis). *b* „Glatte" Muskelzellen, wie sie im Magendarmkanal, den Harnwegen, den Blutgefäßen usw. vorkommen. *c* Stück einer vielkernigen Zelle des Skelettmuskels („Muskelfaser"). *d* Nervenzelle aus dem Rückenmark. *e* Riechzellen aus der Nase. *f* Sehzellen (Stäbchen- und Zapfenzelle) aus dem Auge. *g* Drüsenzellen einer Speicheldrüse. *h* Stück Bindegewebe mit Zellen (*B*) und Interzellularsubstanz, die aus Grundsubstanz (*G*) und Fibrillen (*F*) besteht. *i* Stück Knorpel mit Zellen und Interzellularsubstanz (*J*). *k* Stück Knochen; *K* = Knochenzellen, alles übrige = Interzellularsubstanz. *l* Stück Sehne; *S* = Sehnenzellen, alles übrige = Interzellularsubstanz.

Haare, Nägel und Zahnschmelz, andererseits Blut- und Lymphflüssigkeit. Die größtenteils kittähnlichen, festen Interzellularsubstanzen sind Produkte bestimmter Zellarten, wie der Knochenzellen, Knorpelzellen und Bindegewebszellen, und bilden mit diesen Zellen zusammen das Knochen-, Knorpel- und Bindegewebe oder, wie man zusammenfassend sagt, die „Bindesubstanzen" (s. Fig. 1, *h—l*). Aus Zellen und Plasmaprodukten, besonders Interzellularsubstanzen, baut sich also der Körper mit seinen Organen und Organsystemen auf.

Ein Organ, wie z. B. die Leber, besteht demnach zu einem Teil aus einer großen Menge verschiedenartiger Zellen, und zwar einerseits den für die Leber besonders charakteristischen spezifischen Leberzellen, andererseits aus den Zellen der Gallengänge, der Blutgefäße, Lymphgefäße, Nerven und des Bindegewebes der Leber; zum anderen Teil finden wir in der Leber außer Galle, Blut und Lymphe verschiedene Interzellularsubstanzen, die an der Zusammenfügung, Form und Festigkeit des komplizierten Zellverbandes und seiner einzelnen Teile, wie der Gallenwege, Blutgefäße, Nerven usw., einen hervorragenden Anteil haben. Als Organsystem bezeichnen wir eine Mehrheit von gleichartigen oder verschiedenartigen Organen von funktioneller Zusammengehörigkeit; so bilden die Knochen das Skelettsystem und die Niere zusammen mit Harnleiter, Harnblase und Harnröhre das Harnsystem.

Jede der vielen Zellen unseres Körpers hat ihr eigenes Leben, das aber von dem übrigen Organismus abhängig ist, ebenso wie der ganze Körper von seiner Umgebung abhängt. Aus dem Zusammenwirken aller dieser verschiedenen lebendigen Einzelprozesse der Zellen resultiert, unter einer mehr passiven, aber deshalb doch hochwichtigen Beteiligung der Plasmaprodukte, der lebendige Gesamtprozeß unseres Körpers. Als das Wesentliche des Lebensprozesses, sowohl der einzelnen Zelle als auch des vielzelligen Organismus, hat man seinen eigenartigen Stoff- und Energiewechsel zu betrachten. Dieser besteht darin, daß andauernd bestimmte Stoffe, nämlich die Nahrungsstoffe, mit der in ihnen enthaltenen Energie in den Organismus und damit in alle seine Zellen eingeführt und in diesen umgesetzt — wie man gewöhnlich kurz sagt:

verbrannt — werden; während die Produkte dieser Umsetzungen die Zellen und den Körper größtenteils wieder verlassen, zum Teil aber auch für bestimmte Leistungen des Körpers verwertet werden, ebenso wie dies für die bei den Umsetzungen frei werdende Energie gilt. Dieser Stoff- und Energiewechsel stellt also das Wesen des Lebens dar; von ihm hängen alle Lebenserscheinungen ab, die körperlichen wie die geistigen. Seinen Stoffwechsel erhalten heißt für den Organismus: sein Leben erhalten, mit allen seinen Erscheinungen, wie Empfindungen, Bewegungen, Sekretionen usw. Denn von dem Stoffwechsel der Sinnesnerven und des Gehirns hängen unsere Empfindungen ab, der Stoffwechsel der Muskeln liefert den Hauptteil der für unsere Erhaltung erforderlichen Energie, besonders Bewegung und Wärme, dem Stoffwechsel der Verdauungsdrüsen verdanken wir besonders die Verdauungssäfte, dem Stoffwechsel der Knochenzellen die Knochensubstanz usw. Aus dem Gesagten geht auch die wichtige Tatsache hervor, daß jede Zelle und jedes Organ neben den ihrer Erhaltung dienenden egoistischen Eigenschaften auch ausgesprochen altruistische und soziale Züge darbietet: die Muskelzellen sind nicht nur sozusagen bestrebt, sich selbst zu erhalten, sondern sie führen ihre Bewegungen im Interesse des ganzen Menschen aus, ebenso dienen neben ihrer eigenen Erhaltung die Zellen des Atmungssystems der Versorgung des ganzen Körpers mit Sauerstoff und seiner Befreiung von Kohlensäure, die Zellen des Harnsystems der Entlastung des Körpers von anderen schädlichen Stoffwechselprodukten usw.

Damit aber die lebenden Zellen diese ihre Leistungen vollbringen können, bedürfen sie der Nahrungszufuhr. Die Nahrung wird, mit Ausnahme des gasförmigen Nahrungsstoffes, des Sauerstoffes, durch den Magen-Darm-Kanal aufgenommen; dort wird sie in bestimmter Weise zubereitet (verdaut), so daß sie in die in der Darmwand verlaufenden Blut- und Lymphgefäße übertreten (resorbiert werden) und so endlich durch den Blutstrom zu den sämtlichen Zellen, als den eigentlichen Konsumenten, hingeführt werden kann.

Was machen die Zellen mit der Nahrung?

Die Antwort lautet verschieden für den ausgewachsenen und den noch wachsenden Menschen. Beim ersteren dient die Nahrung einerseits dazu, den erwähnten Stoff- und Energiewechsel zu unterhalten, andererseits als Ersatzmaterial für die Neubildung zugrunde gegangener Zellen der Haut, der Schleimhäute usw. Beim wachsenden Organismus kommt dann noch als besondere Leistung die Vermehrung der Körpermasse dazu, nämlich Wachstum und Vermehrung der Zellen und Zunahme der Plasmaprodukte, insbesondere auch der Interzellularsubstanzen.

II. Woraus besteht die Nahrung? Was sind Nahrungsstoffe? Was heißt „zweckmäßige" Ernährung?

Zu den Nahrungsstoffen des Menschen gehören nicht nur die kostbareren komplizierten organischen Stoffe, wie Eiweiß, Kohlehydrate und Fette nebst etwaigen Ersatzstoffen, sondern auch einfachere, weniger kostbare anorganische Stoffe, wie bestimmte Mineralsalze, Wasser und Sauerstoffgas. Von all diesen Stoffen ist, wenn wir unser Leben nur eben erhalten wollen, ein gewisses Minimum in qualitativer und quantitativer Hinsicht notwendig; für eine zweckmäßige Ernährung aber brauchen wir eine größere Auswahl an Nahrungsstoffen und größere Mengen, als das Minimum angibt.

Wir wollen zunächst die chemische Beschaffenheit der Nahrungsstoffe und ihr Vorkommen etwas näher betrachten.

Es sei der Hinweis vorausgeschickt, daß man unter allen Stoffen und Körpern hinsichtlich ihrer chemischen Zusammensetzung drei Gruppen unterscheiden kann: solche, die nur aus einem einzigen chemischen Element bestehen, solche, die aus einer einzigen chemischen Verbindung und endlich solche, die aus mehreren verschiedenen Verbindungen oder nicht miteinander chemisch verbundenen Elementen zusammengesetzt sind. Aus nur einem einzigen Element bestehen z. B. die folgenden Stoffe, sofern sie „chemisch rein" sind: ein Stück Kupfer, flüssiger Stickstoff, Sauerstoffgas; aus einer einzigen chemischen Verbindung die Reinsubstanzen von Kochsalz, Traubenzucker, Kasein (einem Eiweißkörper der Milch), Myosin (einem Eiweißkörper des Muskelfleisches), Wasser, Alkohol, Kohlensäure; während eine Kochsalzlösung, Weizenmehl, Olivenöl, Fleisch aus mehreren verschiedenen chemischen Verbindungen kombiniert sind. Ein Stück Muskel z. B. enthält eine große Menge verschiedener chemischer Verbindungen, nämlich mehrere verschiedene Eiweißkörper, Kohlehydrate, Fette, Mineralsalze, Wasser, Gase und noch vieles andere.

Diese verschiedenartige Zusammensetzung von Körpern hat Anlaß zu den zwei viel gebrauchten Bezeichnungen der „Nahrungsstoffe" und der „Nahrungsmittel" gegeben: Zur Ernährung dienende Stoffe, die nur aus einem Element bestehen, wie Sauerstoff, oder nur aus einer Verbindung, wie Kochsalz, Traubenzucker, Kasein, nennen wir „Nahrungsstoffe"; demgegenüber stellen die „Nahrungsmittel" Kombinationen von Nahrungsstoffen dar, wie das beim Fleisch der Fall ist oder beim Mehl, das besonders aus Kohlehydraten und Eiweiß zusammengesetzt ist, oder bei Öl und Butter, die beide vorwiegend aus verschiedenen Arten von Fetten bestehen. Nahrungsmittel sind also sowohl die in der Natur vorkommenden als auch die vom Menschen hergestellten Kombinationen von Nahrungsstoffen; wozu aber ausdrücklich zu bemerken ist, daß die meisten Nahrungsmittel auch noch verschiedene Bestandteile enthalten, die keine Nahrungsstoffe sind, was besonders für Vegetabilien, aber z. B. selbst für Fleisch, gilt.

Werfen wir jetzt noch einen Blick auf die chemische Zusammensetzung der wichtigsten organischen Nahrungsstoffe, nämlich der Eiweißkörper, Kohlehydrate und Fette.

Wir wollen mit den Kohlehydraten beginnen. Von solchen kommen für unsere Ernährung hauptsächlich in Betracht: die pflanzliche Stärke (Amylum), der Traubenzucker (Dextrose oder Glukose), Rohrzucker, Milchzucker und Malzzucker. Die ebenfalls zu den Kohlehydraten gehörige Zellulose der pflanzlichen Zellhäute, die besonders bei den Gemüsen ins Gewicht fällt, ist für die menschliche Ernährung von geringem Wert, da sie von unseren Verdauungssäften nicht angegriffen und nur unter Umständen durch gewisse Bakterien unseres Darmes so bearbeitet wird, daß sie uns einen von den meisten Autoren wohl gering eingeschätzten Zuschuß zu unseren Nahrungsstoffen liefern kann. Was nun die chemische Zusammensetzung dieser verschiedenen Kohlehydrate betrifft, so sind sie alle komplizierte Verbindungen von Kohlenstoff (kurz mit C bezeichnet), Wasserstoff (H) und Sauerstoff (O). Traubenzucker z. B. hat die chemische Konstitutionsformel $C_6H_{12}O_6$, d. h. ein kleinstes Teilchen Traubenzucker, ein Molekül, enthält 6 Atome Kohlenstoff, 12 Atome Wasserstoff und 6 Atome Sauerstoff. Die sog. Strukturformel, durch die der Chemiker veranschaulicht, in welcher Weise die Atome im Molekül angeordnet sind, ist für den Traubenzucker:

$$
\begin{array}{ccccccc}
 & & & & H & & \\
 & & & & | & & \\
H & H & H & O & H & & \\
| & | & | & | & | & & O \\
H-C-&C-&C-&C-&C-&C\!\!\diagup\!\!\diagdown & \\
| & | & | & | & | & & H \\
O & O & O & H & O & & \\
| & | & | & & | & & \\
H & H & H & & H & &
\end{array}
$$

Zerlegen wir das Traubenzuckermolekül noch weiter, so erhalten wir Bruchstücke, die nicht mehr Traubenzucker sind, sondern einzelne der genannten Atome oder kleinere Komplexe von solchen. Es gibt auch Kohlehydrate mit kleineren Molekülen als dem des Traubenzuckers und besonders auch mit sehr viel größeren, wie z. B. die Stärke.

Erheblich verschieden von den Kohlehydraten sind die Fette. Die gewöhnlichen Fette, wie Rinderfett, Hammelfett, Butter, Olivenöl, sind Nahrungsmittel, bestehen also aus verschiedenartigen Nahrungsstoffen, und zwar neben anderen Verbindungen jedes vor allem aus mehreren verschiedenen einfachen Fetten, mit anderen Worten, aus differenten Fettmolekülen, wie dem Palmitin, Stearin, Olein u. a. Alle diese nach demselben chemischen Schema aufgebauten einfachen Fette sind, gleich den Kohlehydraten, aus Kohlenstoff, Wasserstoff und Sauerstoff zusammengesetzt. Ihre chemische Konstitution und Struktur ist aber eine erheblich andere als die der Kohlehydrate; und doch nicht so abweichend, daß unser Organismus nicht eine dieser Verbindungen aus der anderen herzustellen vermöchte, eine wichtige Tatsache. Um ein Bild von der Größe eines Fettmoleküls zu geben, so hat z. B. das Palmitin oder Tripalmitin die Formel $C_{51}H_{98}O_6$; sein Molekül besitzt also mehr als 6 mal so viel Atome wie das des Traubenzuckers. Daher sei seine Struktur nur in der folgenden abgekürzten Formel zum Ausdruck gebracht:

$$\begin{array}{c} H \\ | \\ H-C-O-C_{16}H_{31}O \\ | \\ H-C-O-C_{16}H_{31}O \\ | \\ H-C-O-C_{16}H_{31}O \\ | \\ H \end{array}$$

Eine ganz andere Beschaffenheit als die zuvor genannten Stoffe zeigt die große, sehr mannigfaltige Gruppe der Eiweißkörper, wie man kurz zu sagen pflegt, oder, allgemeiner ausgedrückt, der Proteinsubstanzen. Von Nahrungsmitteln, die zu unseren besonderen Eiweißspendern gehören, sei erinnert an die Muskeln mit Eiweißkörpern wie Myosin, Myogen u. a., an das Hühnerei mit Albumin, Globulin, Vitellin u. a., die Milch mit Kasein, Albumin u. a., das Brotgetreide

mit Glutein, Gliadin u. a., die Leguminosen mit Legumin
u. a., den Reis mit Oryzanin u. a., den Mais mit Zein u. a.
Die Eiweißkörper sind viel komplizierter gebaut als die Kohlehydrate und Fette. Einerseits enthalten sie zwar auch dieselben
chemischen Elemente wie die genannten Stoffe; dazu kommt
dann aber andererseits ein für das Eiweiß besonders charak-
teristisches Element, der Stickstoff (N) und so gut wie immer
Schwefel (S) und sehr häufig Phosphor (P). Zu diesen können
sich endlich bei manchen Eiweißkörpern noch sehr verschiedene
andere Elemente hinzugesellen. Die Moleküle der Proteinsubstanzen sind im allgemeinen sehr groß, wir befinden uns
hier ganz besonders im Reich der Riesenmoleküle, die viele
Hunderte von Atomen umfassen können. Schon zu den kleinen
Molekülen unter unseren gewöhnlicheren Eiweißkörpern gehört
das des Eieralbumins mit der ungefähren Konstitutionsformel
$C_{80}H_{122}N_{20}SO_{24}$. Vollständige Strukturformeln besitzt man für
die so besonders komplizierten Eiweißkörper noch nicht, wenn
auch schon äußerst wertvolle Ansätze zu solchen gewonnen
wurden. Besonders charakteristisch ist jedenfalls für diese Verbindungen die Art und Weise, wie ihre Stickstoffatome in das
Molekül eingebaut sind, und dadurch besonders gewinnen sie
ihre hohe Bedeutung für den Organismus. Das gelangt auch
zum Ausdruck durch die prinzipielle Unterscheidung stickstoffhaltiger (kurz N-haltiger) und stickstofffreier (N-
freier) organischer Nahrungstoffe, womit man bei den ersteren
vor allem Eiweiß und etwaigen Ersatz, bei den letzteren hauptsächlich Kohlehydrate und Fette oder etwaige Ersatzstoffe
meint.

* * *

Nach diesen Vorbemerkungen kommen wir zu unserem
Hauptgegenstand, dessen Behandlung wir mit der Erörterung
dreier wichtiger Fragen beginnen wollen:

1. Brauchen wir, um uns zweckmäßig zu ernähren, außer

den genannten Nahrungsstoffen, nämlich Eiweiß, Kohlehydraten, Fetten, bestimmten Mineralsalzen, Wasser und (freiem)
Sauerstoff[1]), keine weiteren Stoffe?

2. Sind die genannten Nahrungsstoffe, besonders die organischen, wie Eiweiß, Kohlehydrate und Fette, sämtlich zu
einer zweckmäßigen Ernährung nötig?

3. Sind die verschiedenartigen Eiweißkörper, Kohlehydrate
und Fette der verschiedenen Nahrungsmittel gleich brauchbar für unsere Ernährung?

Danach ist der geeignete Platz für

4. einen Überblick über unsere Nahrungsmittel und deren
allgemeine Charakterisierung.

Hierauf können wir uns dann zu der Hauptfrage wenden:

5. Was ist für die Erzielung einer qualitativ und quantitativ zweckmäßigen Ernährung im wesentlichen zu
beachten?

Und endlich folgt noch

6. eine allgemeine qualitative und quantitative Charakterisierung unserer heutigen, bei beschränkten Nahrungsmitteln stattfindenden Ernährung nebst einigen speziellen
Winken zu ihrer möglichst zweckmäßigen Gestaltung unter den
obwaltenden Bedingungen.

*　　*　　*

Die folgenden Darlegungen gelten, wie ersichtlich, in erster
Linie der Schilderung einer „zweckmäßigen" Ernährung,
und zwar eines normalen, gesunden Menschen, wobei
wir zunächst auch nur an einen Erwachsenen denken wollen.
Es leuchtet ein, daß selbst bei dieser Einschränkung eine „zweckmäßige" Ernährung etwas recht Relatives ist. Denn nicht nur
für einen Gesunden und Kranken kann diese sehr verschieden

---

[1]) Von den erforderlichen Mineralsalzen oder auch „Nährsalzen"
und ihren Mengen sowie von dem Wasser- und Sauerstoffbedarf wird
später die Rede sein (S. 33, 46f. u. 48).

a usfallen, sondern schon für zwei etwas verschieden veranlagte
gesunde Individuen, ja selbst für dasselbe Individuum, je nachdem z. B. ob es mehr oder weniger arbeitet. Wir wollen von
folgender Definition ausgehen, die sich im wesentlichen den
verschiedensten Fällen leicht anpassen läßt: Eine zweckmäßige Ernährung ist eine solche, bei der ein gutgenähr-
ter Mensch unter sonst günstigen Lebensbedingungen auf die
Dauer seinen Körperbestand aufrechterhält und sich der bei
seiner Konstitution erreichbar größten körperlichen und geistigen Leistungsfähigkeit und des erreichbar besten Wohlbefindens
erfreut, bei möglichst geringem Materialverbrauch und Preis.

Zu dieser Definition sind noch einige Erläuterungen zu
geben. Was mit „gutgenährt" gemeint ist, ergibt sich aus der
Beifügung über Leistungsfähigkeit und Wohlbefinden. „Seinen
Körperbestand erhalten", heißt physiologisch ausgedrückt: „im
Stoff- und Energiewechselgleichgewicht" bleiben, was der Fall
ist, wenn der Organismus ebensoviel an Nahrungsstoffen auf-
nimmt, wie er umsetzt und verbraucht[1]). Man möchte vielleicht
annehmen wollen, daß jede das Stoffwechselgleichgewicht ge-
stattende Ernährung eben deshalb schon zweckmäßig sei, was
aber nicht richtig wäre. Denn es kann ein Stoffwechselgleichgewicht bei größerem und bei geringerem Stoffumsatz, z. B.
auch bei einem „unterernährten" Individuum, vorhanden sein,
wo dann die Leistungsfähigkeit vermindert ist. Es muß daher
das Stoffwechselgleichgewicht durch Hinzufügung der Angaben „gutgenährt", „große Leistungsfähigkeit" und „Wohlbefinden" noch näher bestimmt werden. Wir können in sol-
chem Falle kurz von „optimalem Stoffumsatz" sprechen.

Mit dieser Frage, wann etwa eine Ernährung als zweckmäßig bezeichnet werden kann, hängt, wie aus den letzten Darlegungen hervorgeht, eng zusammen die nach dem Nahrungs-
minimum, mit dem sich der Mensch, freilich nicht mehr in
zweckmäßig zu bezeichnender Weise, noch eben sein Leben er-

---

[1]) Siehe oben S. 3 f.

halten kann; mit anderen Worten die Frage: Welche Stoffe und wieviel von ihnen sind mindestens notwendig, um bei minimalstem Stoff- und Energieumsatz noch eben sein Stoff- und Energiegleichgewicht zu erhalten? Auf diese Frage werden wir daher auch bei verschiedenen Gelegenheiten stoßen.

III. Sind außer Eiweißkörpern, Kohlehydraten, Fetten, Mineralsalzen, Wasser und Sauerstoff keine weiteren Stoffe zu einer zweckmäßigen Ernährung nötig?

Diese Frage ist besonders in neuerer Zeit mehrfach Gegenstand eingehender Untersuchungen und auch von Meinungsverschiedenheiten gewesen. Hiervon sei nur einiges angedeutet.

In unserem Körper kommen als wesentliche Bestandteile und zum Teil in großen Mengen viele komplizierte organische Verbindungen vor, die entweder überhaupt zu keiner der genannten Gruppen von Nahrungsstoffen gehören oder andernfalls doch solche Vertreter dieser Gruppen sind, die größtenteils in unserer Nahrung zu fehlen pflegen. Von den ersteren Verbindungen, die zum Teil von den genannten Nahrungsstoffen sehr erheblich verschieden sind, seien nur genannt die Zerebroside, Phosphatide, besonders Lezithine, und das Cholesterin, die alle besonders am Aufbau des Nervensystems stark beteiligt sind; zu der anderen Gruppe von Substanzen gehören zweifellos die meisten der komplizierteren Proteinsubstanzen, die der menschliche Organismus selbst herstellt, wie z. B. das Hämoglobin (der Blutfarbstoff), die Eiweißkörper unserer Muskeln, das von der Milchdrüse bereitete Kasein und zahlreiche andere. Ja, vielleicht sind alle Eiweißstoffe unseres Körpers von allen Eiweißstoffen unserer Nahrung verschieden, indem das „artfremde" von Tieren und Pflanzen stammende Nahrungseiweiß erst durch die chemischen Laboratorien der menschlichen Zellen zu „arteigenen"[1]) menschlichen Eiweißkörpern umgebaut wird. Für den größten Teil aller der gedachten im menschlichen Organismus, nicht aber in seiner Nahrung, vorkommenden Substanzen ist es nachgewiesen und für den Rest als höchst wahrscheinlich zu bezeichnen, daß sie aus den Eiweißkörpern, Kohlehydraten, Fetten, Mineralsalzen, Wasser und Sauerstoff einer zweckmäßig beschaffenen Nahrung vom menschlichen Organismus selbst hergestellt werden können.

Also unbedingt notwendig zur Erhaltung des Stoffwechsels ist das Vorhandensein von Zerebrosiden, Phosphatiden und Cholesterinen in unserer Nahrung nicht. Daraus ist aber noch nicht ohne weiteres zu folgern, daß eine Kost, der diese Stoffe fehlen, auch zweckmäßig sei. Denn es könnte doch sein, daß der Mensch besser gedeiht, wenn er diese Verbindungen schon in der Nahrung fertig geliefert bekommt, als wenn er sie sich unter Energieaufwand erst aus den „Rohstoffen" der Nahrung selbst herstellen muß. Dieses Problem ist ein Teil der umfassenderen Frage, ob es zu einer zweckmäßigen Ernährung gehört, daß wir manche für uns unentbehrlichen Elemente, wie Phosphor, Eisen, Jod u. a., nicht nur in Form von anorganischen Salzen oder Mineralsalzen aufnehmen, sondern auch in organischer Bindung; wie z. B. den Phosphor in den Phosphatiden und phosphorhaltigen Eiweißkörpern, das Eisen im Hämoglobin usw. Eine schwierige Frage, die bis jetzt nicht beantwortet werden konnte.

Hierzu gesellt sich dann noch ein verwandtes Problem. Eine Reihe von Autoren vertritt die Meinung, daß neben den genannten Nahrungsstoffen und den Verbindungen, die unser Körper aus ihnen zu bereiten vermag, noch eine eigenartige Gruppe bisher nicht näher bekannter Stoffe für die Erhaltung des Lebens oder doch der Gesundheit auf die Dauer unerläßlich

---

[1]) D. h. zu den für die Organismenart „Mensch" charakteristischen Eiweißkörpern.

sei. Von diesen Stoffen, die in vielen Nahrungsmitteln in sehr geringen Mengen vorkämen, brauche man zwar nur sehr wenig, sie dürften aber nicht ganz fehlen. Man hat diese hypothetischen Stoffe, denen man einen stickstoffhaltigen aminartigen Bau zuschreibt, in Anbetracht ihrer angeblichen großen Bedeutung für das Leben Vitamine genannt. Doch scheint es bisher, als ob die in schweren Fällen meist tödlich verlaufenden Krankheiten der Polyneuritis (Beriberi, Kakke), des Skorbuts, der Pellagra wie auch der Rachitis, die man auf Vitaminmangel schob, im wesentlichen durch eine unzweckmäßige Auswahl der genannten und bekannten Nahrungsstoffe bedingt seien[1]).

Demnach dürfen wir es m. E. als wahrscheinlich aussprechen, daß die oben zusammengestellten Gruppen von Nahrungsstoffen alles zu einer zweckmäßigen Ernährung Notwendige umfassen. Dabei ist allerdings eine Voraussetzung gemacht, die aber keine Einschränkung des Gesagten bedeutet: Die Nahrungsstoffe resp. Nahrungsmittel müssen nämlich so dargeboten oder hergerichtet werden, daß der Körper sie ihren eigentlichen Konsumenten, den Zellen, auch wirklich zuführen kann. Was hierbei in Betracht kommt, davon wird später die Rede sein[2]).

IV. Sind Eiweißkörper, Kohlehydrate und Fette sämtlich zu einer zweckmäßigen Ernährung nötig?

Auf diese Frage muß mit Ja geantwortet werden, doch ist sogleich hinzuzufügen, daß wir ein Nein auszusprechen haben, wenn statt nach einer zweckmäßigen Ernährung nur nach den für die Erhaltung des Lebens unbedingt notwendigen Stoffen

[1]) Über diesen Komplex von Fragen s. die zusammenfassende Darstellung von F. Röhmann, Über künstliche Ernährung und Vitamine. Berlin 1916.
[2]) Siehe S. 32 ff.

gefragt wird[1]). Denn es ist möglich, jedenfalls geraume Zeit ohne nennenswerte Mengen von Kohlehydraten oder auch von Fetten, ja sogar von beiden, auszukommen, wenn nur Eiweiß in genügender Weise zur Verfügung steht. Mit anderen Worten: Kohlehydrate und Fette vermögen sich gegenseitig weitgehend zu vertreten, und Eiweiß kann sogar beide zugleich in erheblichem Grade ersetzen — wünschenswert ist dies alles freilich nicht, wie wir noch sehen werden[2]).

Hier ist der Ort, auf die Frage einzugehen, in welchen Mengenverhältnissen solche Vertretungen stattfinden können? Da ist folgende Grundtatsache zunächst festzulegen: Es kann nicht etwa 1 Gramm Fett durch 1 Gramm Zucker oder Stärke vollwertig vertreten werden, sondern erst durch ungefähr 2 Gramm der letzteren; und umgekehrt verlangt 1 Gramm Zucker als Ersatz nur etwa $1/_2$ Gramm Fett. Also nicht die Gewichtsmengen der Nahrungsstoffe liefern den Maßstab für ihren Nährwert, sondern etwas anderes; und zwar kann man im allgemeinen sagen, daß bei Stoffen, die vermöge entsprechender chemischer Strukturen die Fähigkeit zu gegenseitiger Vertretung besitzen, ihr entziehbarer[3]) Energiegehalt das Maßgebende ist. Beispielsweise ist 1 Gramm Fett reicher an „chemischer Energie" als 1 Gramm Zucker, d. h. man kann mehr Wärme, Muskelkraft usw. aus ihm herausholen, wodurch eben sein Nährwert sehr wesentlich mitbestimmt ist.

Die Einheit, in der man diese Wertangaben macht, ist die „Wärmeeinheit" oder „Kalorie"; wir wollen hier, wie in der Ernährungslehre gebräuchlich, mit „großen Kalorien"[4]) rech-

---

[1]) Siehe oben S. 11 f.

[2]) S. 17 f.

[3]) Dieser einschränkende Ausdruck „entziehbar" ist hinzugesetzt, um anzudeuten, daß der Organismus einem Nahrungsstoff nicht immer seinen ganzen disponiblen Energieinhalt zu entreißen vermag.

[4]) Eine große Kalorie ist in gewöhnlicher Formulierung diejenige Wärmemenge, welche erforderlich ist, um 1 Liter Wasser von 0° auf 1° C zu erwärmen.

nen, die man kurz mit „Kal“ bezeichnet. Danach hat durchschnittlich: 1 g Eiweiß = 4,1 Kal; 1 g Kohlehydrate = 4,1 Kal; 1 g Fett = 9,3 Kal. Und zwar sind das die Kalorien, die der Organismus bei der sog. physiologischen Verbrennung oder oxydativen Spaltung der Nahrungsstoffe aus ihnen zu gewinnen vermag und deren Beträge man häufig kurz als die „Verbrennungswärmen“ oder „Brennwerte“ von Eiweiß, Kohlehydraten und Fetten bezeichnet. Doch sind diese, wie schon oben angedeutet, innerhalb des Organismus wegen unvollständiger Verbrennung häufig kleiner als bei vollständiger oxydativer Spaltung außerhalb des Körpers, was besonders für die Eiweißstoffe gilt. Aus diesen Verbrennungswärmen ergeben sich also die Mengenverhältnisse, in denen Kohlehydrate und Fette durcheinander und durch Eiweiß etwa vertreten werden können.

In einem wesentlichen Punkte ganz anders als Kohlehydrate und Fette verhält sich hinsichtlich seiner Vertretbarkeit das Eiweiß. Von diesem kann zwar ein Teil, aber bei weitem nicht der ganze Bedarf durch Kohlehydrate und Fette gedeckt werden. Darüber, in welchem Umfang ein weitergehender Ersatz von Eiweiß durch eiweißähnliche Stoffe und sorgfältig zusammengestellte Kombinationen von Spaltungsprodukten der Eiweißkörper möglich ist, sind die Akten noch nicht geschlossen [1]. Jedenfalls aber ist eine bestimmte, nicht unerhebliche Menge stickstoffhaltiger Substanz von der Art des Eiweißes für die Erhaltung des Lebens unerläßlich.

Was sind die Gründe dafür, daß sich Eiweiß, Kohlehydrate und Fette in den angegebenen Grenzen vertreten können und daß eine zu weitgehende Vertretung keineswegs zweckmäßig, wenn auch möglich ist?

---

[1] Eine kurze Darstellung dieser Fragen findet man bei E. Abderhalden, Die Grundlagen unserer Ernährung, unter besonderer Berücksichtigung der Jetztzeit. Berlin 1917.

Eine gegenseitige Vertretung von Kohlehydraten und Fetten
gestattet der Organismus deshalb, weil er die Leistungen, für
die er in erster Linie Fette zu verwenden pflegt, auch mit Hilfe
von Kohlehydraten, wie auch von Eiweiß, zu vollbringen vermag. Besonders deutlich zeigt sich das beispielsweise darin,
daß eine Fettmästung unter sonst entsprechenden Bedingungen
statt durch Fett auch durch Kohlehydrate bewirkt werden
kann. Unzweckmäßig aber ist eine solche übermäßige Vertretung, wenn sie auch zur Not angeht, hauptsächlich aus drei
Gründen: Unser Verdauungsapparat hat besondere Einrichtungen zur Bearbeitung von Kohlehydraten, besondere für
Fette und besondere für Eiweißkörper. Fehlt daher einer oder
gar zwei dieser Nahrungsstoffe, so liegen die entsprechenden
Verdauungseinrichtungen brach und die übrigen sind mit Arbeit
überlastet, so daß es zu Verdauungsstörungen kommen kann.
Und ferner gibt es in unserem Organismus Leistungen, die besser und ökonomischer mit Kohlehydraten als mit Fetten und
Eiweiß versehen werden usw., so daß eine Vernachlässigung
dieser Verhältnisse als nachteilig anzusehen ist. Dazu kann
sich dann noch eine dritte Gruppe von Schädigungen gesellen:
Der Mensch beherbergt in seinem Darmkanal eine Masse von
Gärung und Fäulnis erregenden Bakterien, die einen Teil des
Nahrungsinhaltes des Darms zersetzen. Dabei entstehen auch
giftige Spaltungsprodukte, die den Organismus schädigen können, indem sie zugleich mit den verdauten Nahrungsstoffen in
das Blut übertreten und so auf die verschiedenen Organe ein-
wirken. Die Zusammensetzung dieser sehr mannigfaltigen
Bakteriengesellschaft des Darmes, die man wohl auch kurz
„Darmflora" nennt, hängt in hohem Maße von der Beschaffenheit der Nahrung ab. Eine zweckmäßig kombinierte Kost
liefert im allgemeinen eine Darmflora, die in mancher Hinsicht unsere Darmfunktionen sogar zu unterstützen imstande
ist, während bei ungeeigneter Ernährung, wie z. B. bei zu großer
und einseitiger Fleischzufuhr, durch besondere Züchtung der

Fäulnisbakterien recht störende Wirkungen auftreten können; ein Erscheinungskomplex, der mehr praktische Berücksichtigung und auch wissenschaftliche Bearbeitung verdiente, als er bisher gefunden hat[1]).

V. Sind die verschiedenen Eiweißkörper, Kohlehydrate und Fette gleich brauchbar für unsere Ernährung?

Diese Frage ist ohne weiteres zu verneinen. Es gibt unter der großen Menge verschiedener Eiweißkörper, Kohlehydrate und Fette einerseits vorzügliche Nahrungsstoffe, andererseits aber auch solche, die für unsere Ernährung entweder nur einen geringen oder gar keinen Wert haben.

Betrachten wir daraufhin erst die außerordentlich umfangreiche Klasse der Eiweißkörper. Jede Tier- und Pflanzenart hat ihre besonderen, arteigenen[2]) Eiweißkörper, und zwar jede wiederum eine erhebliche Anzahl von solchen; schon allein die Muskeln beispielsweise eines Rindes enthalten kaum weniger als ein Dutzend verschiedener Eiweißkörper, und Ähnliches gilt für die Leber, die Nervensubstanz, das Blut usw. Hinsichtlich der Brauchbarkeit dieser verschiedenen Eiweißmoleküle für unsere Ernährung kommt es besonders auf zweierlei an, nämlich auf ihre „Wertigkeit" und auf ihre „Verdaulichkeit".

In ersterer Hinsicht unterscheiden wir „vollwertige" oder auch „vollständige" und „minderwertige" oder „unvollständige"; die einen sind solche, die in ihrem Molekül alle Atomgruppen enthalten, deren wir für unseren Eiweißstoffwechsel im allgemeinen und besonders auch für den Aufbau der wesentlichen stickstoffhaltigen Bestandteile der lebenden Zellen und ihrer Produkte bedürfen, während den anderen ein größerer

---

[1]) Siehe hierüber auch später S. 52 f.
[2]) Siehe oben S. 12.

oder kleinerer Teil solcher wichtigen Atomgruppen fehlt. Es
sei hier gleich hinzugefügt, daß wir auch einem unvollständigen
Eiweißkörper wahrscheinlich den Nährwert eines vollständigen
zu verleihen vermögen durch Hinzufügung von „Ergänzungs-
stoffen", d. h. irgendwelchen, ihrem chemischen Bau nach
noch nicht näher bekannten Verbindungen, welche die jenem
Eiweißkörper zu seiner Vollständigkeit fehlenden Atomgruppen
besitzen[1]); ja, es können sogar eiweißfreie Stoffgemische, die
man aus allen wesentlichen Atomgruppen eines vollständigen
Eiweißkörpers in den entsprechenden Mengenverhältnissen zusammengesetzt hat, unter Umständen, wenigstens bei Tieren,
vollständige Eiweißkörper ersetzen. Praktisch aber kommen
für unsere Ernährung in Betracht einerseits und in erster
Linie die vollständigen Eiweißkörper, andererseits dann
auch unvollständige Eiweißkörper im Verein mit Ergänzungs-
stoffen.

Die Verdaulichkeit eines Eiweißkörpers hängt ferner,
wenn wir von ihrer Beeinflussung durch beigemischte andere
Nahrungsstoffe oder Nahrungsbestandteile absehen, ebenfalls
(ebenso wie seine Wertigkeit) von der Art des chemischen Aufbaues des betreffenden Moleküls ab. Befindet sich aber ein
Eiweißkörper, wie das gewöhnlich der Fall ist, in einem Nahrungsmittel oder einer Speise mit anderen Stoffen vermischt,
so wird seine Verdaulichkeit durch die letzteren mehr oder
weniger weitgehend mitbeeinflußt, wie später ausführlich zu
behandeln ist.

Man hat die verschiedenen Eiweißkörper nach dem Grade
ihrer auf Wertigkeit und Verdaulichkeit beruhenden Brauchbarkeit für die menschliche Ernährung in eine Reihe geordnet.
Danach haben den Vortritt gewisse tierische Eiweißkörper,
dann erst kommen die pflanzlichen. Die Reihe lautet etwa:
Eiweiß von: Fleisch, Milch, Fischen, Muscheln, Krebsen,

---

[1]) Wir befinden uns hier in dem Gebiet, zu dem auch das Vitamin-
problem gehört (s. S. 13 f.).

Kartoffeln, Hülsenfrüchten (Erbsen, Bohnen, Linsen), Brotgetreide; ob das ein unverrückbares Ergebnis ist, bleibe dahingestellt. Den Abschluß einer derartigen Reihe machen dann die typisch unvollständigen Eiweißkörper wie das Zeïn des Maises und, noch in einem erheblichen Abstand von diesem, die Gelatine.

Auch bei den Kohlehydraten und Fetten hängt die Brauchbarkeit als Nahrungsstoffe von der durch ihre chemische Struktur bedingten Wertigkeit und Verdaulichkeit ab. Von Kohlehydraten dürften ziemlich gleich brauchbar sein: Traubenzucker, Fruchtzucker, Rohrzucker, Milchzucker, Malzzucker, Dextrine, Stärke, Glykogen u. a. Auf die minder brauchbaren, über die sich noch wenig Bestimmtes aussagen läßt, sei nicht näher eingegangen; als Glied im Endteil dieser Reihe möge nur die für die menschlichen Verdauungssäfte unangreifbare, aber durch die Wirkung unserer Darmbakterien uns teilweise zugänglich gemachte Zellulose, der Hauptbestandteil der pflanzlichen Zellhäute, genannt werden. Unter den Fetten gehören offenbar zu den brauchbarsten das in unseren gewöhnlichen Nahrungsfetten enthaltene Tripalmitin, Tristearin, Triolein und ähnliche; daran schließt sich die Reihe zunehmend weniger geeigneter bis zur völligen Unbrauchbarkeit, worüber freilich noch kaum Untersuchungen vorliegen.

Aus dem Dargelegten ergibt sich bei gleichzeitiger Berücksichtigung seines Kaloriengehalts (s. oben S. 15) auch ein Maßstab für den „Nährwert" von Nahrungsstoffen. Wir können sagen, daß der Nährwert eines Eiweißkörpers usw. um so größer ist, je reicher er an Kalorien und je „brauchbarer" er in dem angedeuteten Sinne ist[1]).

---

[1]) Siehe auch das auf S. 38 über den Nährwert der Nahrungsmittel Gesagte.

VI. Überblick über unsere Nahrungsmittel und ihre allgemeine Charakterisierung.

Gewöhnlich teilt man unsere Nahrungsmittel in tierische oder animalische und pflanzliche oder vegetabilische ein. Doch sind zwischen diesen beiden Gruppen, wenn wir sie nur bezüglich ihres Gehaltes an den verschiedenen Nahrungsstoffen betrachten, keine ganz durchgreifenden Unterschiede festzustellen. Zwar erweisen sich viele animalischen Nahrungsmittel als durch einen besonders großen Gehalt an Eiweiß und auch an Fett ausgezeichnet, von denen viele wichtige Vegetabilien nur sehr geringe Beträge besitzen, während dagegen die letzteren ganz vorwiegend die Spender der Kohlehydrate sind. Diese Verhältnisse finden wir veranschaulicht, wenn wir in der Tabelle I die Zusammensetzung des mageren Schweinefleisches mit derjenigen der Kartoffel vergleichen. Dazu ist aber einschränkend zu bemerken, daß auch pflanzliche Nahrungsmittel reich an Eiweiß sein

Tabelle I.

Zusammensetzung animalischer und vegetabilischer Nahrungsmittel in Prozenten.

	Eiweiß	Fett	Kohlehydrat [1]	Wasser	Salze	Rohfaser
Mageres Schweinefleisch .	20,3	6,8	—	72,6	1,1	—
Kartoffel	2,0	0,1	20,9	74,9	1,1	1,0
Linsen	26,0	1,9	52,8	12,3	3,0	4,0
Mandeln (süße)	21,4	53,2	13,2	6,3	2,3	3,6
Spinat	3,7	0,5	3,6	89,3	2,0	0,9
Gurke	1,1	0,1	2,2	95,4	0,4	0,8

[1] Da, wie S. 22 f. ausgeführt wird, die in der letzten Säule dieser Tabelle genannte „Rohfaser" zum größten Teil auch aus Kohlehydraten besteht, so sollen hier unter der kurzen Bezeichnung „Kohlehydrat" lediglich die zur Ernährung dienenden löslichen Kohlehydrate, wie Stärke, Zucker usw. verstanden werden.

können, wie z. B. Linsen und Mandeln, reich an Fett, wie die
Mandeln, und arm an Kohlehydraten, wie Gurke und Spinat
(siehe Tabelle I); während dagegen tierische Nahrungsmittel
auch recht beträchtliche Mengen von Kohlehydraten beherbergen können, wie man z. B. in der Leber gut genährter Tiere
bis zu 19% Glykogen oder tierische Stärke gefunden hat.

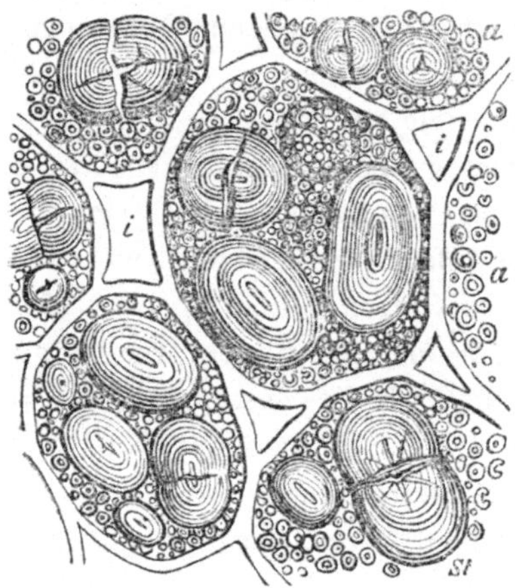

Figur 2.

Einige von Zellwand umschlossene Zellen eines
mikroskopischen Schnittes durch ein Keimblatt
(Kotyledon), nämlich den hauptsächlich das Eiweiß und die Stärke enthaltenden Teil einer
reifen Erbse (Pisum sativum). *St* sind die
konzentrisch geschichteten Stärkekörner; *a* die
vorwiegend aus Legumin (Eiweiß) mit wenig
Fett bestehenden „Aleuronkörner"; *i* Zwischenzellräume. Aus Sachs, Pflanzenphysiologie.

Trotzdem kann man es als ein Hauptcharakteristikum der Vegetabilien bezeichnen, daß sie ganz vorwiegend die Quelle für die Kohlehydrate unserer Nahrung darstellen; dazu kommt dann ferner die Tatsache, daß sie die Hauptlieferanten für manche der notwendigen Mineralsalze oder Nährsalze sind, wie z. B. der hohe Salzgehalt von Linsen, Mandeln und Spinat andeutet (s. Tabelle I); und endlich sind die vegetabilischen Nahrungsmittel noch dadurch, freilich weniger vorteilhaft, ausgezeichnet, daß ihre Nahrungsstoffmassen mit erheblichen Mengen von unverdaulichen Interzellularsubstanzen durchsetzt sind, die sie vorwiegend als Ballast beschweren und auch sonst ihren Nährwert beeinträchtigen.

Bei diesem „Ballast" müssen wir noch ein wenig verweilen.
Er besteht bei der Pflanze im wesentlichen aus dem, was
man zusammenfassend als „Rohfaser" zu bezeichnen
pflegt, nämlich den in Wasser unlöslichen, von mensch-

lichen Verdauungssäften nicht angreifbaren, mit Wasser voll-
gesaugten Interzellularsubstanzen, wie vor allem der Zellulose
(Zellstoff) und dem Pentosan, den Hauptbestandteilen der
Zellhaut, und daneben dem Holzstoff
und Korkstoff. Zwar fällt auch
bei ballastreichen Vegetabilien die
trockene Substanz der Rohfaser,
wie Tabelle I zeigt, wenig ins Gewicht, sowohl in Prozenten der Gesamtmasse als auch bei den gehalt-
reicheren Nahrungsmitteln, wie z. B.
Linsen, Mandeln u. dgl., im Verhält-
nis zu ihrem Gehalt an organischen
Nahrungsstoffen; dennoch macht
sich die Rohfaser bei reichlich vegetabilischer Nahrung sehr stark be-
merkbar, und zwar hauptsächlich
aus zwei Gründen:

Erstens bildet die Zellulose usw.
den wesentlichen Teil der pflanzlichen Zellhäute, welche die lebendige
Zellsubstanz der uns zur Nahrung
dienenden Pflanzen fest umschließen
(s. Fig. 2, 3, 4 und 8), so daß man
die im Innern dieser starrwandigen
Kämmerchen befindlichen Nahrungsstoffe wie Eiweiß, Kohlehydrate usw. erst nach Durchbrechung
der Zellmembranen herausbekommt.
Da diese Hüllen von unseren Verdauungssäften nicht aufgelöst wer-

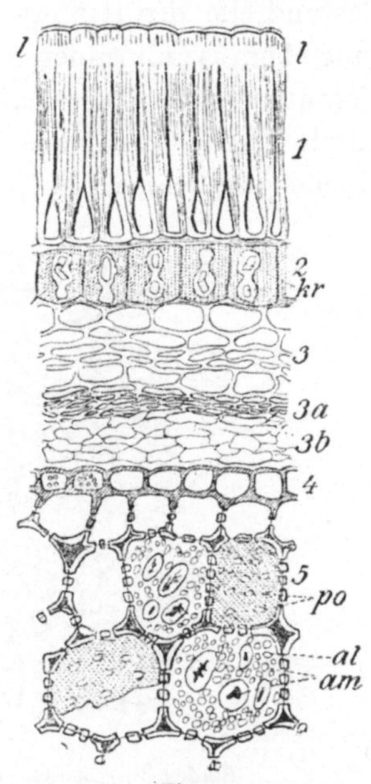

Figur 3.
Querschnitt durch die rohfaserreiche
Samenschale und die Peripherie eines
die nährstoffreichen Zellen (5) enthaltenden Keimblattes der Feuer-
bohne (Phaseolus multiflorus).
1 Palisadenoberhaut mit Lichtlinie
l—l; 2 Hypoderm mit Kristallen kr;
3, 3a und 3b Parenchym; 4 Oberhaut des Keimblattes; 5 poröse
Parenchymzellen des Keimblattes;
am Stärkekörner; al Aleuronkörner; po Poren der Zellwand. Aus
Hanausek, Handwörterbuch der
Naturwiss.

den können und erst in tieferen Abschnitten des Verdauungs-
kanals den zerstörenden Wirkungen der Darmbakterien aus-
gesetzt werden, so vermögen bei uneröffneten Zellkammern

die Verdauungssäfte nur sehr langsam durch die kleinen Poren
der Wände mittels sog. Diosmose an den verdaulichen Zell-
ınhalt heranzutreten und auch die löslichen bzw. verdauten
Bestandteile des letzteren nur langsam in umgekehrter Richtung herauszudiosmieren. Eine ausgiebige Einwirkung der
Verdauungssäfte kann daher nur Platz greifen, wenn die Zellen
durch starke Verkleinerung des Materiales, nämlich durch
Küche und Kauen, aufgeschlossen sind.

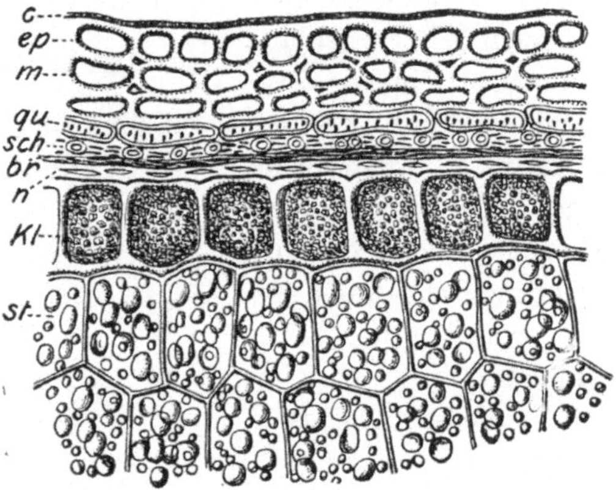

Figur 4.

Stärker vergrößerter Querschnitt durch die Randpartie des
Endosperms des Weizenkornes (Triticum), etwa bei *a b*
der Figur 6. *ep* Epidermis mit Kutikula *c*; *m* Mittelschicht;
qu Querzellen; *sch* Schlauchzellen; *br* und *n* Samenhaut;
kl Aleuronschicht; *st* Zellen des Stärke und Eiweiß führenden
Nährgewebes des Endosperms. Nach Tschirch.

Bei der Betrachtung des mikroskopischen Aufbaues pflanz-
licher Nahrungsmittel (s. Fig. 3 und 8) und besonders auch
des sehr rohfaserreichen Adernnetzes oder Gefäßbündel-
systems (Nervatur) der Blätter (s. Fig. 7) gewinnt man leicht
den Eindruck, als ob die Substanz der Zellwände erheblich
mehr von der Gesamtmasse des Objektes ausmachte als
nur etwa 1%, wie bei Kartoffeln, Spinat (s. Tabelle I) u. dgl.,
oder als nur einige wenige Prozente, wie bei den dick-
schaligen Samen der Linse und anderer Leguminosen oder

Hülsenfrüchte. Das führt uns zu dem zweiten der gedachten Punkte:

Zweitens nämlich sind die Rohfasermassen der Zellhäute ziemlich stark von Wasser imbibiert, wodurch dieser unver-

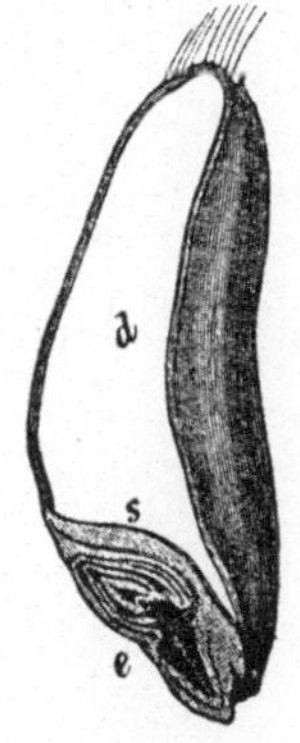

Figur 5.
Längsdurchschnitt des Weizenkorns (Triticum) bei schwacher Vergrößerung. *d* die Mehlsubstanz oder das Nährgewebe (Endosperm), von der Samenschale umhüllt; *e* der Keim (Embryo); *s* das Saugorgan des Keims, das die im Endosperm aufgespeicherte Nährsubstanz für den Keim nach Bedarf auflöst, aufsaugt und dem Keim zuführt. Aus Sachs, Pflanzenphysiologie.

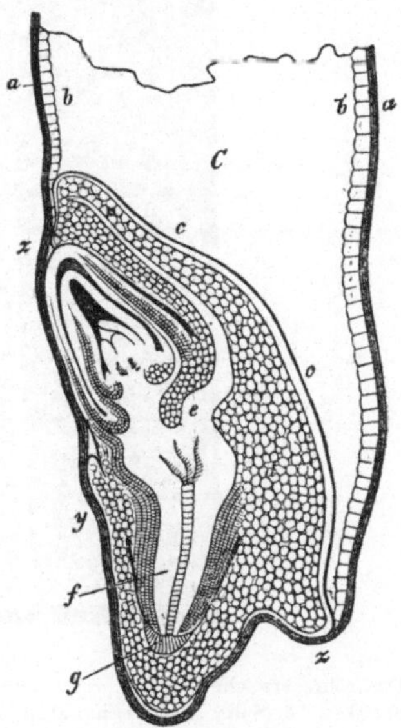

Figur 6.
Der untere Teil eines Weizenkorns, bei etwas stärkerer Vergrößerung als in Figur 5. *C* das Nährgewebe (Endosperm); zwischen *z — z* der Keim (Embryo); *a* Samenschale; *b* Aleuronschicht („Kleberschicht", „Zellenkleber"); *c* das Saugorgan (Scutellum) des Keims (s. Fig. 5); *f* Wurzel des Keims, mit Haube *g*. Aus Sachs, Pflanzenphysiologie.

dauliche Ballast viel voluminöser wird, als seinem Prozentgehalt an Rohfaser entspricht. Auf diese Weise kommt bei vielen Vegetabilien also die große Menge von Ballast zustande, zwischen dem sich in extremen Fällen die verwertbare Nahrungssubstanz sozusagen verliert.

Hier ist eine Bemerkung anzuknüpfen. In diesen Zeiten vorherrschender vegetarianischer Ernährungsweise ist es wohl manchem aufgefallen, daß besonders nach Aufnahme sehr roh-

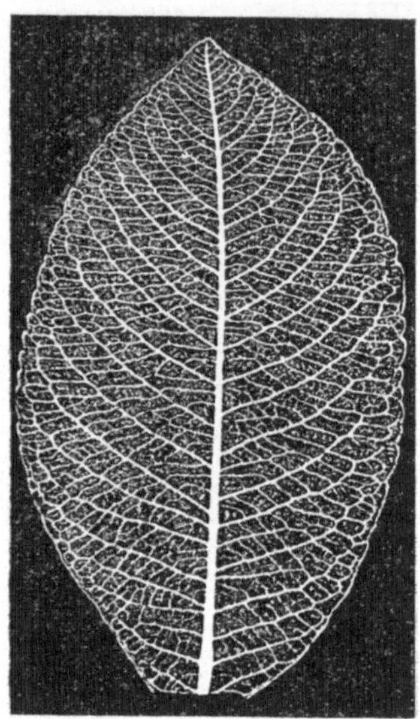

Figur 7.

Das rohfaserreiche Gefäßbündelsystem (Nervatur, Adernnetz) eines Blattes der Weide (Salix caprea) in natürlicher Größe. Nach Ettinghausen.

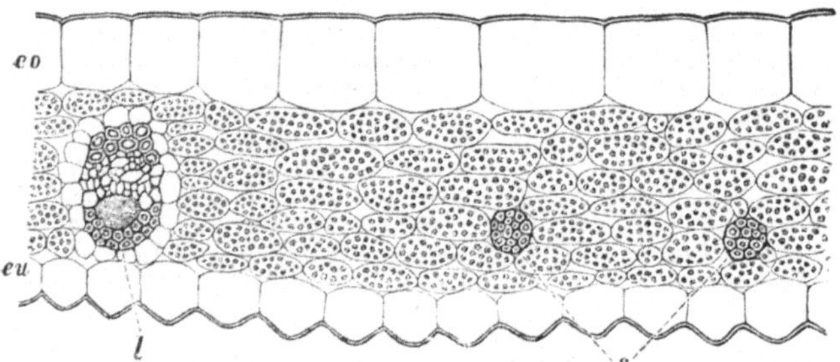

Figur 8.

Querschnitt durch ein Blatt von Thunia alba, einer Orchidacee. eo obere Epidermis; eu untere Epidermis; l ein aus verschiedenen besonders dickwandigen Zellen und aus Bast (schraffiert) bestehendes Gefäßbündel; s besonders dickwandige, verholzte, feste Stützen bildende Zellstränge (Sklerenchym). Das übrige sind die mit den rundlichen Chlorophyllkörpern erfüllten Zellen des Grundgewebes (Parenchymzellen). Aus Rothert, Handwörterbuch d. Naturwiss.

faserreicher Nahrung der Darm im allgemeinen auffallend große Mengen von Kot produzierte; so daß in solchen Fällen wohl der Eindruck entstehen konnte, als ob die ausgesonderte Masse nicht viel geringer sei als die zuvor aufgenommene Nahrungsmenge, der Körper also kaum etwas für sich zurückbehalten habe. Letzteres ist, falls nicht etwa Verdauungsstörungen vorliegen, eine Täuschung. Denn erstens machen bei vielen vegetabilischen Nahrungsmitteln die organischen Nahrungsstoffe nebst Mineralsalzen nur wenige Prozente aus (s. Tabelle I, S. 21, Tabelle II, S. 29), deren Herausnahme durch Verdauung und Resorption das Volum nur wenig zu verkleinern vermag. Dazu kommt zweitens, daß die Rohfasermassen im Darmkanal unter der chemischen Einwirkung der Verdauungssäfte und der Darmbakterien stärker aufquellen, feiner verteilt werden und so auch zwischen sich größere Wassermengen festhalten können; alles Änderungen, die ihr Volum vergrößern.

Es mögen jetzt zur Orientierung noch einige nähere Angaben über die Zusammensetzung einer Anzahl von Nahrungsmitteln der animalischen und vegetabilischen Gruppe in Form einer Tabelle (II, S. 28 f.) hierhergesetzt werden. Hierzu sind ein paar Erläuterungen zu geben:

Zunächst muß darauf hingewiesen werden, daß ein und dasselbe Nahrungsmittel, wie ein bestimmtes Fleisch oder Gemüse, je nach dem Zustand, in dem es sich befindet, resp. der Zubereitung, die es erfahren hat, recht verschieden zusammengesetzt sein kann. Ohne weiteres einleuchtend ist der erhebliche Unterschied zwischen frischem und gedörrtem Fleisch oder Gemüse. Aber auch zwischen frischem Fleisch und gepökeltem, geräuchertem, gekochtem und gebratenem bestehen verschieden abgestufte Differenzen. Wo in der Tabelle II nicht anderes bemerkt ist, handelt es sich um frisches Material.

Ferner ist bei manchen Nahrungsmitteln darauf zu achten, welche Teile von ihnen mit einer bestimmten Bezeichnung gemeint sind. Unter „Bohnen“ und „Erbsen“ kann man ohne

nähere Angabe entweder nur die Bohnen- und Erbsensamen
oder diese nebst ihrer „Fruchthülle", nämlich der die Samen
einschließenden „Hülse"[1]) verstehen. Die kurze Bezeichnung
„Bohnen", „Erbsen" usw. gilt gewöhnlich für die Samen.

Auch ist zu berücksichtigen, daß Zusammensetzung und
Nährwert besonders der meisten pflanzlichen, aber auch

Tabelle II.

Tierische Nahrungsmittel.

	Eiweiß u. a.	Fette	Kohle-hydrate	Mineral-salze	Wasser	Die Kalorien der in 100 g enthaltenen Nahrungs-stoffe
Ochsenfleisch (fett) .	16,8	29,2	—	0,9	53,1	340
Ochsenfleisch (mager)	20,7	1,7	—	1,2	76,4	101
Kalbfleisch (mager) .	19,9	0,8	—	1,4	77,9	89
Schweinefleisch (fett).	14,5	37,3	—	0,7	47,4	406
Westfälischer Schinken	24,7	36,5	0,2	10,5	28,1	442
Zervelatwurst	17,6	38,8	0,8	5,4	37,4	436
Leberwurst	12,9	25,1	12,2	2,2	47,6	336
Hase	23,3	1,1	—	1,2	74,2	106
Huhn.	21,3	4,5	—	1,1	72,2	129
Aal (frisch)	12,8	28,4	0,5	0,9	57,4	319
Lachs (frisch)	20,0	11,0	—	1,4	67,6	184
Lachs (geräuchert) .	24,2	11,9	0,5	12,0	51,4	212
Hering (frisch). . . .	16,1	8,5	—	1,7	73,7	145
Hering (gepökelt) . .	18,9	16,9	1,6	16,4	46,2	241
Schellfisch	17,0	0,3	—	1,3	81,5	72
Stockfisch (getrocknet)	81,5	0,7	—	1,6	16,2	341
Hühnerei	12,6	12,1	0,6	1,1	73,6	167
Frauenmilch.	1,5	3,3	6,4	0,3	87,6	61
Kuhmilch	3,4	3,6	4,8	0,7	87,5	67
Emmentaler Käse . .	29,5	29,8	1,5	5,1	34,1	404
Holländer Käse . . .	25,7	29,0	3,5	4,9	36,6	389
Gervais	14,3	42,3	0,2	1,1	42,1	463
Quarkkäse	21,0	1,0	4,0	1,8	72,0	112
Butter	0,7	83,7	0,5	1,6	13,5	783

[1]) Im gewöhnlichen Sprachgebrauch werden bekanntlich speziell
bei jungen Erbsen gerade die Samen als „Schoten" bezeichnet,
also mit einem Namen belegt, der in der Botanik für bestimmte, der
„Hülse" sehr ähnliche Fruchthüllen gebraucht wird.

vieler tierischen Nahrungsmittel sich ändern, je nachdem, ob man es mit der „Handelsware" („Marktware") oder mit

Pflanzliche Nahrungsmittel.

	Eiweiß u. a.[1]	Fette	Kohle-hydrate	Mineralsalze	Wasser	Roh-faser	Die Kalorien der in 100 g enthaltenen Nahrungs-stoffe
Weizen(korn)	12,0	1,9	68,7	1,7	13,4	2,3	349
Weizenmehl (feines) .	10,7	1,1	74,7	0,5	12,6	0,3	360
Weizenbrot (feines) .	6,8	0,5	57,8	0,9	33,7	0,3	270
Weizenbrot (gröberes)	8,4	0,9	50,9	1,3	37,3	1,1	252
Roggen(korn)	11,2	1,7	69,4	2,2	13,3	2,2	346
Roggenmehl	9,6	1,4	73,8	1,2	12,6	1,4	355
Roggenbrot (feines) .	6,4	1,1	50,4	1,5	39,8	0,8	243
Reis	8,1	1,3	75,5	1,0	13,2	0,9	355
Erbsen (Samen) . . .	23,4	1,9	52,7	2,8	13,6	5,6	327
Bohnen (Samen). . .	25,7	1,7	47,3	3,1	13,9	8,3	315
Bohnen mit Frucht-hülle(Schnittbohnen)	2,7	0,1	6,6	0,6	88,8	1,2	39
Kartoffeln (frisch) (10%)[1]	2,0	0,1	20,9	1,1	74,9	1,0	95
Kartoffeln (gedörrt) .	5,1	0,2	78,6	1,9	12,1	2,1	345
Mohrrüben (17 %) . .	1,2(1,0)[1]	0,3	9,1	1,0	86,7	1,7	45 (25)[1]
Steckrüben (29 %) (Kohlrüben)	1,4 (0,4)	0,2	7,4	0,7	88,9	1,4	38 (47)
Rote Rüben (38%). .	1,5 (0,5)	0,1	8,3	1,0	88,0	1,1	41 (45)
Braunkohl (51%) (Grünkohl).	4,0 (3,1)	0,9	11,6	1,6	80,0	1,9	72 (55)
Rosenkohl (20%) . .	4,8 (2,1)	0,5	6,2	1,3	85,6	1,6	50 (49)
Rotkohl (27%) . . .	1,8 (0,6)	0,2	5,9	0,8	90,0	1,3	33 (32)
Kopfsalat.	1,4	0,3	2,2	1,0	94,4	0,7	18
Spinat (16%)	3,7 (3,3)	0,5	3,6	2,0	89,3	0,9	35 (31)
Champignon (frisch) .	4,9	0,2	3,6	0,8	89,7	0,8	37
Äpfel (40%)	0,4 (0,2)	—	12,1[2])	0,4	84,4	2,0	51
Weintraube	0,7	—	16,8[2])	0,5	79,0	2,2	72
Erdbeere	0,6	—	9,0[2])	0,7	87,0	1,6	39
Walnußkern (trocken)	16,7	58,5	13,0	1,6	7,2	3,0	766

[1]) Erläuterungen hierzu siehe im Text S. 30 f.

[2]) Von weiteren stickstofffreien Verbindungen kommen neben den Kohlehydraten besonders noch freie Säuren vor: im Apfel 0,7%, in der Weintraube 0,8% und in der Erdbeere 1,1%.

dem geputzten, von Abfällen befreiten, kochbereiten, eßbaren Material zu tun hat. Beispielsweise liefert die Marktware von Braunkohl (Grünkohl) nur etwa 50%, die von Wirsing
69%, von Steckrüben (Kohlrüben) etwa 71%, von Spinat 84%
eßbare Teile. Bei den Angaben über die Zusammensetzung
der Nahrungsmittel ist gewöhnlich, ohne daß dies aber immer
klar ersichtlich ist, die der Handelsware gemeint. So ist es
auch in der vorstehenden Tabelle II gehalten. Demnach
hat die geputzte, kochbereite Ware im Vergleich zur Marktware so viel an Nahrungsstoffen weniger, als mit den Abfällen
verlorengeht. Da die letzteren aber im allgemeinen weniger
reich an Nahrungsstoffen sein dürften als die eßbaren Teile,
so wird beispielsweise bei 50% Abfall der entsprechende Nah-
rungsstoffverlust nicht auch 50% betragen, sondern weniger.

Endlich ist zu den einzelnen Rubriken der Tabelle II noch
einiges zu bemerken: In der Angabe der Eiweißprozente sind
meistens auch noch verschiedene andere, quantitativ bisher
meistens nicht näher bestimmte stickstoffhaltige Stoffe mit enthalten, die zum Teil gar keinen Nährwert haben; sie sind in der
Tabelle mit dem Zusatz ,,u. a.'' gemeint. Bei den tierischen Nahrungsmitteln fallen sie freilich nicht ins Gewicht, wohl aber
bei manchen pflanzlichen, worauf nachher (S. 31) noch einmal
zurückzukommen sein wird. Ähnlich sind sodann unter den
Kohlehydraten[1] teilweise einige weniger wertvolle stickstoff-
freie Verbindungen inbegriffen, die jedoch im allgemeinen quantitativ sehr zurücktreten. In der letzten Säule der Tabelle ist
die gesamte Verbrennungswärme der in 100 g eines jeden Nahrungsmittels enthaltenen sämtlichen Nahrungsstoffe in Kalorien[2] angegeben; einschließlich der nicht näher bestimmten,
mit den Abfällen[3] verlorengehenden Kalorien, aber selbst-

---

[1] Für die Bezeichnungen ,,Kohlehydrat'' und ,,Rohfaser'' der Tabelle gilt außerdem das auf S. 21 Anm. 1 Gesagte.

[2] Siehe oben S. 15.

[3] Die Tabelle enthält ja, wie S. 29 f. angeführt, die Angaben für
die Handelsware.

verständlich ausschließlich derjenigen der nicht zu den Nahrungsstoffen gehörenden Rohfaser. Zu allen diesen Angaben ist
hinzuzufügen, daß nicht selten verschiedene Untersucher des-
selben Nahrungsmittels mehr oder minder erheblich voneinander abweichende Resultate gewonnen haben. Für eine Anzahl wichtiger Gemüse sind neuerdings von Rubner[1]) genauere
Analysen ausgeführt worden, die aber mangels Angaben über
den Gehalt an nutzbaren Kohlehydraten und an Rohfaser
lückenhaft und daher kein vollständiger Ersatz für ältere Analysen sind, weshalb sie nur zu teilweisen Korrekturen der letzteren herangezogen wurden. Die eingeklammerten Zahlen in
den Säulen „Eiweißkörper" und „Kalorien" stellen solche Ver-
besserungen nach Rubner dar; der Eiweißgehalt erscheint in
ihnen verkleinert, weil hier die S. 30 erwähnten sonstigen stickstoffhaltigen Stoffe, die aber nicht als Nahrungsstoffe anzu-
sprechen sind, ausgeschlossen wurden. Ferner wurde da, wo
die Küchenabfälle und damit die Unterschiede zwischen der
Handelsware und dem aus ihr zu gewinnenden kochbereiten
Material bekannt und verhältnismäßig groß sind, die Menge
der Küchenabfälle in Prozenten der Handelsware angegeben; das ist der Sinn der eingeklammerten Zahlen, die
hinter den Namen der betreffenden Nahrungsmittel stehen.

VII. Wie ist eine zweckmäßige Ernährung beschaffen?

Bei der Behandlung dieser Frage, die wir hier im wesentlichen nur für den gesunden Menschen zu beantworten versuchen wollen, haben wir Erwachsene und wachsende Individuen gesondert zu betrachten. Doch werden wir uns hier
ganz vorwiegend mit dem Erwachsenen beschäftigen und die
kindliche Ernährung nur anhangsweise besprechen.

---

[1]) M. Rubner, Über Nährwert einiger wichtiger Gemüsearten und
deren Preiswert. Berlin 1916.

Für die Erzielung einer zweckmäßigen Ernährung im Sinne der S. 11 gegebenen Definition ist eine Reihe von Punkten zu beachten, die nacheinander behandelt werden sollen. Eine zweckmäßige Ernährung muß dies in qualitativer Hinsicht sein, sie muß es ferner in quantitativer Hinsicht sein, sie muß individuelle Eigentümlichkeiten der Konsumenten berücksichtigen und sie muß endlich zu angemessenen Preisen möglich sein.

Bezüglich der Qualität und Quantität unserer Nahrung sei hier gleich bemerkt, daß diese offensichtlich eng voneinander abhängen: denn je besser die Qualität der Nahrung, mit um so geringeren Quantitäten kann man im allgemeinen eine zweckmäßige Ernährung erreichen.

A. Zweckmäßige Qualität.

Qualitativ zweckmäßig zusammengesetzt ist eine Nahrung, wenn sie erstens alle wesentlichen Gruppen von Nahrungsstoffen enthält, zweitens hinsichtlich der Wertigkeit der organischen Nahrungsstoffe bestimmten Anforderungen genügt und wenn sie drittens gut „ausnutzbar" ist. Von diesen drei Punkten können die beiden ersten auf Grund vorangegangener Darlegungen kurz erledigt werden, während der dritte noch einiger näheren Ausführungen bedarf.

Diese Charakterisierung einer qualitativ zweckmäßigen Ernährung gilt im wesentlichen gleicherweise für den Erwachsenen wie für den noch wachsenden Menschen; von einer Berücksichtigung spezieller Bedürfnisse des Säuglings sei hier abgesehen.

1. Die wesentlichen Gruppen von Nahrungsstoffen bestehen, wie wir früher gesehen, in Eiweißkörpern, Kohlehydraten, Fetten, Mineralsalzen, Wasser und Sauerstoff. Hierzu ist zu bemerken, daß man, wenn von einer zweckmäßigen Nahrung oder Kost gesprochen wird, meist nur an die organischen

Nahrungsstoffe denkt, da in zweckmäßigen Kombinationen von solchen resp. von Nahrungsmitteln die Mineralsalze gewöhnlich ohne weiteres enthalten sind und da die Zufuhr von Wasser und Sauerstoff sich ebenfalls gewöhnlich von selbst ergibt. Zur vollständigen Kenntnis der wesentlichen Bestandteile der Nahrung ist aber ein Überblick über die erforderlichen Mineralsalze oder Nährsalze (auch kurz Salze oder Asche genannt) notwendig.

Leider ist unser Wissen auf diesem ausgedehnten und nicht leicht zu erforschenden Gebiete noch verhältnismäßig recht lückenhaft und wir haben daher hier ein beliebtes Arbeitsfeld gewisser Naturheilkundiger vor uns. Von einer Anzahl von Salzen ist mit Sicherheit festgestellt, daß wir sie unbedingt brauchen und wozu sie unter anderem dienen; von anderen dagegen können wir auf Grund ihres konstanten Vorkommens in unserem Körper vorläufig nur annehmen, daß sie unentbehrlich sind. Auch darüber, ob und in welcher Weise ein Salz durch andere vertreten werden kann, gibt es noch eine Fülle ungelöster Fragen. Unter diesen Umständen sei hier nur ganz allgemein angegeben, daß wir für eine zweckmäßige Ernährung eine Reihe von Mineralsalzen brauchen, in denen Natrium (Na), Kalium (K), Magnesium (Mg), Kalzium (Ca), Eisen[1]) (Fe), Phosphor (P), Chlor (Cl), Schwefel[1]) (S), Silizium (Si), Jod[1]) (J) und Fluor (Fl) enthalten sind; von den anorganischen Verbindungen, in denen wir uns diese Elemente zuführen, sind vorzugsweise salzsaure und phosphorsaure Salze zu nennen, wie Kochsalz (= salzsaures Natrium oder Chlornatrium), Chlorkalium, phosphorsaures Kalzium und Magnesium und andere.

---

[1]) Von den genannten chemischen Elementen brauchen manche vielleicht gar nicht in Form von anorganischen Salzen sondern nur in chemischer Verbindung mit organischen Nahrungsstoffen, wie z. B. den Eiweißkörpern, aufgenommen zu werden, was etwa für Schwefel, Eisen, Jod und möglicherweise auch noch andere gelten könnte.

2. Die Wertigkeit der organischen Nahrungsstoffe.

Die Frage nach der Wertigkeit gilt hauptsächlich nur für Eiweißkörper, Kohlehydrate und Fette. Wir sahen oben (S. 18 f.), daß wir vollwertige und minderwertige Vertreter dieser Gruppen unterscheiden können, speziell unter den Eiweißkörpern „vollständige" und „unvollständige". In dieser Hinsicht ist nun zu sagen, daß eine qualitativ zweckmäßige Kost entweder, was wohl vorzuziehen ist, vollwertige Repräsentanten dieser Gruppen darbieten muß oder, wenn etwa nur unvollständige Eiweißkörper zur Verfügung stehen, der entsprechenden Ergänzungsstoffe nicht ermangeln darf.

3. Die Ausnutzbarkeit der Nahrungsstoffe.

Bei der „Ausnutzbarkeit" handelt es sich um folgendes: Nicht die ganze Masse der unserem Körper zugeführten, d. h. in den Magen-Darm-Kanal aufgenommenen Nahrungsstoffe wird auch wirklich durch die Resorptionstätigkeit (Aufsaugung) der Darmwand in das Blut befördert und kommt den lebenden Zellen des Organismus zugute; vielmehr verläßt ein Teil unverwertet, d. h. unverdaut und unresorbiert, mit dem Kot den Körper. In der nebenstehenden Figur 9, die die wesentlichen geformten Bestandteile des Kotes im mikroskopischen Bilde zeigt, erkennen wir z. B. unverdaute Muskelfasern und in Pflanzenzellen liegende Stärkekörner, neben mannigfachem Ballast, Darmbakterien und abgestoßenen Zellen der Darmschleimhaut.

Die Ausnutzung der Nahrung ist von einer ganzen Reihe von Faktoren abhängig, von denen hauptsächlich zu nennen sind: die Verdaulichkeit der einzelnen Nahrungsstoffe, die Art und Menge des Ballastes und ähnlich wirkender Stoffe, die Schmackhaftigkeit der Kost, die Abwechslung und die die Darmperistaltik beeinflussenden Faktoren der Nahrung. Diese fünf von der Beschaffenheit der Kost abhängigen Ausnutzungsbedingungen seien der Reihe nach behandelt.

a) Verdaulichkeit. Hiermit ist die Verdaulichkeit jedes einzelnen Nahrungsstoffes an sich gemeint, in dem S. 19f. dargelegten Sinne. Sie ist mit seinem chemischen Aufbau und seinem physikalischen Zustand gegeben; gelöste Stärke ist z. B. leichter verdaulich als ungelöste Stärkekörner. Die Verdaulichkeit jedes einzelnen Nahrungsstoffes wird dann durch die gleichzeitig anwesenden anderen Nahrungsstoffe und Ballastbestandteile in mannigfacher Weise beeinflußt.

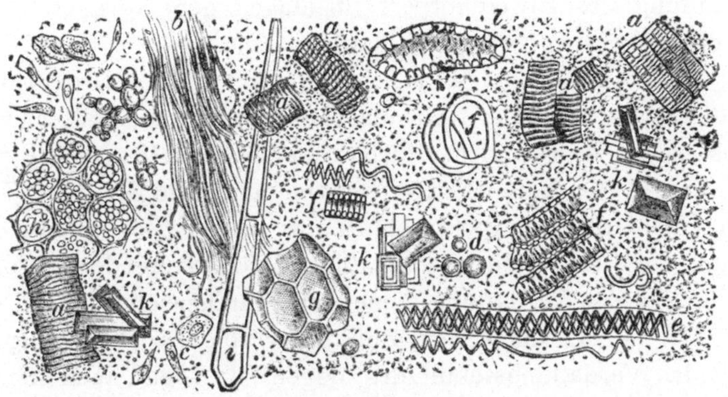

Figur 9.

Kot (faeces) des Menschen: *a* Stücke von Muskelfasern, *b* Stück Sehne, *c* Epithelzellen, *d* Leukozyten (weiße Blutkörperchen), *e—i* verschiedene Formen von Pflanzenzellen, *k* Krystalle von phosphorsaurem Ammoniummagnesium; zwischen *b* und *h* Hefezellen; im übrigen (*l*) massenhafte Bakterien. Aus Landois-Rosemann, Lehrbuch der Physiologie des Menschen.

b) Ballast und ähnlich wirkende Stoffe. Zu dieser Gruppe von Faktoren gehört alles, was es einerseits den Verdauungssäften erschwert, an die zu verdauenden Nahrungsstoffe heranzukommen, und was andererseits die verdauten Stoffe behindert, mit der Darmwand in Berührung zu kommen und resorbiert zu werden. Solche Wirkungen hat in erster Linie der Ballast, wie die Rohfaser und anderes, indem er entweder die Nahrungsstoffe in allseitig abgeschlossenen Räumen festhält, wie das bei der uneröffneten Pflanzenzelle der Fall ist; oder indem er, ohne zwar eine zusammenhängende feste Um-

3*

hüllung zu bilden, doch die verdaulichen Teile in seine Massen einbettet und so ihre Bearbeitung und Beförderung hemmt. In ähnlicher Weise kann aber auch ein Nahrungsstoff die Ausnützung eines anderen erschweren. So vermag unser Magen z. B. nur in beschränktem Maße Fett zu verdauen. Wenn wir ihm daher einen Eiweißkörper, den er für sich allein leicht verdaut hätte, reichlich in Fett eingebettet darbieten, wie das bei manchen Mayonnaisen der Fall ist, so wird dadurch die Verdauung des Eiweißkörpers im Magen gehemmt, er wird auf diese Weise „schwerer verdaulich".

c) Schmackhaftigkeit. Sie ist von großer Bedeutung für die Ausnutzung der Nahrung. Denn je schmackhafter eine Speise ist, desto reichlicher fließen die zu ihrer Verdauung erforderlichen Verdauungssäfte. Schon beim Anblick und Geruch einer leckeren Speise „läuft uns das Wasser im Munde zusammen"; also eine zweckmäßige Beförderung der Absonderung des der Verdauung dienenden Mundspeichels. Und es läßt sich leicht nachweisen, daß unter solchen Bedingungen auch das Verdauungssekret des Magens, ja sogar auch schon das des Darmes zu strömen beginnt; während wir auf einem uns nicht schmeckenden Bissen bei trockenem Munde herumkauen und ihn kaum hinunterbringen.

Die Schmackhaftigkeit einer Speise hängt im wesentlichen von zwei Umständen ab. Einerseits von dem Geschmack und Geruch, den einzelne Nahrungsstoffe selbst haben, wie Zucker, Kochsalz u. a.; während z. B. reines Eiweiß und reine Stärke ja wenig Geschmack haben. Andererseits wird Schmackhaftigkeit erzielt durch Beimischung gewisser nicht zu den Nahrungsstoffen gehörender Stoffe, die man als „Genußmittel" und „Genußstoffe" bezeichnet; zu diesen im weiteren Sinne sind auch wohlschmeckende Nahrungsstoffe, wie Zucker u. a., zu rechnen. Die Genußmittel sind entweder schon in den Nahrungsmitteln, wie die Natur sie uns liefert, enthalten; es sei nur an die geschmackgebenden Beimischungen erinnert, die das „natürliche Aroma" von frischem Obst, Nüssen, Mandeln, Kaviar, Austern usw. ausmachen. Oder die Genußstoffe werden bei der Zubereitung einer Speise erst hinzugebracht, sei es durch Zugabe von Gewürzen usw., sei es durch künstliche Veränderung von Bestandteilen des natürlichen Nahrungsmittels, wie dies beim Braten des Fleisches usw. geschieht. Ferner führen wir uns ja auch neben der hauptsächlich zur Ernährung dienenden Kost noch zu mancherlei anderen Zwecken Genußmittel zu, wie im Tee, Kaffee, Wein, Bier usw.

d) Abwechslung. Bekanntlich kann auch eine sonst schmackhafte Speise uns durch einförmige Wiederholung in manchen Fällen unangenehm, also „unschmackhaft", werden. Jedenfalls ist die Schmackhaftigkeit etwas Relatives und wird in großem Umfang durch Abwechslung begünstigt. Doch „essen" wir uns bekanntlich verschiedene Nahrungsmittel verschieden leicht „leid". In besonders geringem Maße gilt das für Brot und Kartoffeln.

e) Einfluß auf die Peristaltik. Als Peristaltik bezeichnen wir bekanntlich diejenigen Bewegungen des Darmrohres, durch die sein Nahrungsinhalt nebst Beimischungen normalerweise in der Richtung nach dem After fortgeschoben wird; auf welchem Wege ihm die verschiedenen Verdauungssäfte beigemischt und die Verdauungsprodukte resorbiert werden, so daß vorwiegend nur Unverdauliches, Unverdautes und sonstiges Unbrauchbares als Kot im Enddarm ankommt. Es ist einleuchtend, daß bei einer zu schnellen Peristaltik die Zeit für eine gründliche Verdauung und Resorption der Nahrung nicht ausreicht. Ein solches zu rasches Hindurchwandern der letzteren durch den Darm kann in mannigfacher Art durch die Beschaffenheit der Nahrung bedingt sein: nämlich durch zuviel Ballast, der den Darm mechanisch reizt, und durch gewisse Zersetzungen der Speisen sowie sonstige Beimischungen zu den Nahrungsstoffen, die nach Art der Abführmittel entweder auf die Darmwand einen starken chemischen Reiz ausüben und so ihre Bewegungen beschleunigen oder ihr größere Mengen Wasser entziehen und so den Darminhalt verflüssigen. Von den Ursachen zu geringer Darmbewegung und den hieraus entspringenden Störungen kann hier abgesehen werden.

Mit Hilfe der angegebenen Gesichtspunkte kann man auch ein Urteil über den „Nährwert" eines Nahrungsmittels gewinnen[1]). Er ist im allgemeinen um so größer, je reicher das Nahrungsmittel an Nahrungsstoffen ist und je größer die Wertigkeit, die Ausnutzbarkeit und der Kaloriengehalt oder Brennwert der letzteren ist. Wozu aber bemerkt werden muß, daß im einzelnen Falle der Nährwert etwas durchaus Relatives ist; hat jemand z. B. seinen Bedarf an Eiweiß, Mineralsalzen u. a. gedeckt, nicht aber den an Fett und Kohlehydraten, so besitzen für ihn jetzt Nahrungsmittel, die vor allem an letzteren Stoffen reich sind, einen besonderen Nährwert.

B. Wann ist eine Kost auch quantitativ zweckmäßig?

Wieviel braucht der Mensch von einer qualitativ zweckmäßigen Kost, um sich auch quantitativ zweckmäßig zu ernähren? Bei der Beantwortung dieser Frage ist verständlicherweise das verschiedene Nahrungsbedürfnis von Erwachsenen und Kindern zu berücksichtigen. Die folgenden Darlegungen gelten vorzugsweise den Erwachsenen und anhangsweise dem wachsenden Organismus, wobei aber von der Sonderstellung des Säuglings abgesehen wird.

Zunächst muß darauf hingewiesen werden, daß bei jeder quantitativen Beurteilung einer Nahrungsmenge streng unterschieden werden muß zwischen „Bruttowert" und „Nettowert". Unter Bruttowert oder Bruttomasse verstehen wir die gesamte Menge von Nahrungsstoffen eines Speisequantums, wobei also alle nicht zu den Nahrungsstoffen gehörigen Bei-

---

[1]) Siehe auch die Ausführungen auf S. 20 über den Nährwert von Nahrungsstoffen.

mischungen, wie Ballast (Rohfaser usw.) und andere, von vornherein abgezogen sind; von diesem Bruttobetrag an Nahrungsstoffen wird nun aber, wie S. 34 ff. ausgeführt wurde, nur ein Teil wirklich ausgenutzt, also verdaut und resorbiert, und kommt der Erhaltung des Stoffwechsels der lebenden Zellen zugute: das ist der Nettobetrag.

Wenn wir Nahrungsmassen quantitativ angeben, so gehen wir gewöhnlich von den aufgenommenen Bruttomengen aus, und da wir annehmen dürfen, daß durchschnittlich etwa 10%[1]) der Nahrungsstoffe nicht ausgenutzt werden, so gelangen wir durch Abzug dieses Betrages zu den Nettowerten. So werden wir auch hier verfahren. Und zwar wollen wir in der üblichen Weise unseren Betrachtungen das Bruttonahrungsbedürfnis eines Mannes mit dem durchschnittlichen Körpergewicht von 70 kg bei mäßiger Arbeit und mittlerer Außentemperatur für 24 Stunden zugrunde legen.

1. Organische Nahrungsstoffe (Einfluß von Arbeit und Temperatur).

Bei der Prüfung einer Kost daraufhin, ob sie quantitativ zweckmäßig sei, berücksichtigt man gewöhnlich, unter Absehung von Mineralsalzen und Wasser, vorzugsweise nur die wertvolleren, energiereichen organischen Nahrungsstoffe; das ist insofern gerechtfertigt, als eine hinsichtlich der letzteren zweckmäßige Nahrung im allgemeinen auch die erforderlichen Mineralsalze und häufig auch schon die nötigen Wassermengen enthält, die dann ja nach Bedürfnis noch leicht ergänzt werden können.

---

[1]) Im allgemeinen ist die Ausnutzbarkeit der Eiweißkörper schlechter als die der Kohlehydrate und Fette und die der pflanzlichen Nahrungsmittel geringer als die der tierischen. Dementsprechend ist der „Ausnutzungskoeffizient" (d. h. die ausgenutzten Prozente) bei vorwiegend animalischer Kost im allgemeinen größer, bei vorwiegend vegetabilischer Kost kleiner als 90. Siehe hierüber z. B. J. König, Nährwerttafel. 11. Aufl., Berlin 1917, S. 5.

Dementsprechend wollen wir hier auch zunächst nur fragen: Wieviel von qualitativ zweckmäßigen Eiweißkörpern, Kohlehydraten und Fetten braucht ein Erwachsener unter den vorhin angegebenen Voraussetzungen (Gewicht von 70 kg, mäßige Arbeit, mittlere Außentemperatur, 24 Stunden) zu einer zweckmäßigen Ernährung?

Die Frage ist einfach, der Antworten aber sind zur Zeit noch viele. Besonders bezüglich der zweckmäßigen Eiweißmenge. Sehen wir von der auch sehr wichtigen Frage des notwendigen Minimums ganz ab, so kann man wohl sagen, daß Eiweißmengen (Bruttowerte) von ca. 60 g bis ca. 120 g als zweckmäßig empfohlen wurden — also recht erhebliche Meinungsdifferenzen! Zum Teil rührt dies daher, daß die geeignete Eiweißmenge von mehreren Umständen, wie schon bemerkt wurde, bestimmt wird, nämlich von der Qualität des Eiweißstoffes, von der Menge und Qualität der stickstofffreien Nahrungsstoffe, von der Art und Menge des Ballastes und anderen Beimischungen zu den Nahrungsstoffen, von der Individualität des Konsumenten und sonstigen Umständen. Daher können und sollen die folgenden quantitativen Angaben nicht mehr beanspruchen, als eine ungefähre Vorstellung von der zweckmäßigen Nahrungsmenge zu liefern, wie sie sich etwa als Durchschnitt aus den verschiedenen Auffassungen ergibt. In diesem Sinne kann man für den erwachsenen Mann von 70 kg Körpergewicht bei mäßiger Arbeit, mittlerer Außentemperatur und für 24 Stunden etwa die folgende „gemischte Kost" in Bruttowerten als zweckmäßig bezeichnen:

90 g Eiweiß, 90 g Fett, 415 g Kohlehydrate,

woraus sich die durchschnittlich vom Körper verwerteten Nettobeträge durch jeweiligen Abzug von 10% der genannten drei Zahlen berechnen lassen.

Hierzu sind noch einige Erläuterungen zu geben. Es ist bei dieser Ernährungsweise eine „mäßige Arbeit" vorausgesetzt. Was heißt das? Und in welchem Maße hängt der

Nahrungsbedarf, der bekanntlich mit der Arbeit des Menschen ansteigt, von dieser ab? Ferner kann man im Hinblick auf die gegenseitige Vertretbarkeit der Fette und Kohlehydrate fragen, ob das Mengenverhältnis dieser beiden nicht auch ein anderes sein dürfte und ob etwa auch das Eiweiß sich hier zum Teil noch durch die stickstofffreien Nahrungsstoffe ersetzen lasse. Auf diese letzteren Fragen sei zunächst kurz erwidert:

Die 90 g Eiweiß sind schon so gewählt, daß für sie im allgemeinen ein Ersatz durch Kohlehydrate und Fette nicht mehr wünschenswert ist. Wohl aber sind andere Mengenverhältnisse der letzteren zulässig; je nach Neigung, Verdauungsmöglichkeit und verfügbarem Material kann innerhalb gewisser Grenzen mehr Fett und weniger Kohlehydrate genossen werden oder umgekehrt. Hierbei ist aber zweckmäßigerweise darauf zu achten, daß entsprechend dem Hinweis auf S. 15 jedes Gramm Fett den Nährwert von etwa 2 g Kohlehydrat besitzt, daß sich diese Stoffe also nicht nach dem Gewicht sondern vielmehr nach ihrem Kaloriengehalt vertreten müssen.

Damit komme ich auf eine viel gebrauchte kurze quantitative Beurteilungsweise einer Nahrungsmasse, von der wir auch bei der obigen Frage nach dem quantitativen Einfluß der Arbeit auf den Nahrungsbedarf Anwendung zu machen haben. Statt der spezialisierten Angaben über die Zusammensetzung der Kost, wie 90 g Eiweiß, 90 g Fett usw., sagt man häufig ganz kurz: Eine Nahrung von

2900 Kalorien brutto (2610 Kalorien netto)
ist in dem betreffenden Falle zweckmäßig; d. h. die eingenommenen Eiweißkörper, Kohlehydrate und Fette müssen zusammen 2900 Kalorien liefern. Dabei ist aber eine fundamentale Voraussetzung gemacht, deren man sich in solchen Fällen stets voll bewußt sein muß: Nämlich unter diesen 2900 Kalorien muß ein bestimmter Betrag vom Eiweiß stammen oder in „Eiweißkalorien" bestehen, und zwar so viel, als etwa 90 g Eiweiß entsprechen, also rund 370 Kalorien. Die

übrigen 2530 Kalorien sind dann von stickstofffreien Nahrungs-stoffen zu liefern, nämlich von einer zweckmäßigen Kombina-tion von Kohlehydraten und Fetten[1]).

Von dieser Art der quantitativen Beurteilung des Nähr-wertes mittels Kalorien wollen wir nun auch Gebrauch machen bei der Beantwortung der Frage nach dem Einfluß der Arbeit auf das erforderliche Kostmaß. Unter „Arbeit“ versteht man hauptsächlich diejenige der Muskeln, aber im weiteren Sinne wird auch die Sekretionstätigkeit der Drüsen, die Tätigkeiten des Nervensystems und anderes zur Arbeit gerechnet.

Am geringsten ist die gesamte Arbeit beim ruhig schlafenden Menschen, wo aber doch das Herz, die Atmungsmuskeln und andere Teile in Tätigkeit sind. Unter solchen Umständen er-reicht die zweckmäßige Nahrungsmenge ihr Minimum. Be-rechnen wir diese, wie sie sich für einen erwachsenen Mann von 70 kg für 24 Stunden ruhigen Schlafes ergeben würde, so kommen wir auf etwa

1900 Kalorien brutto (1710 Kal. netto),
worunter sich, entsprechend den Darlegungen auf S. 41 nicht erheblich weniger als 370 Eiweißkalorien (von 90 g Eiweiß) befinden müssen, da nämlich der Eiweißverbrauch innerhalb gewisser Grenzen von der Muskelarbeit nicht nennenswert ab-hängig ist[2]).

Ein etwas größerer Bedarf ist unter den sonst gleichen Be-dingungen wie zuvor im allgemeinen schon vorhanden, wenn die 24 Stunden nicht ausschließlich Schlafzeit darstellen, son-dern wenn die Tagesstunden im Wachzustand, aber mög-lichst ruhig liegend, verbracht werden; dann braucht man etwa

2200 Kalorien brutto (1980 Kal. netto)
mit etwas weniger als 370 Eiweißkalorien.

---

[1]) Hierbei ist außerdem das oben über den „Nährwert“ von Nah-rungsstoffen (S. 20) und von Nahrungsmitteln (S. 38) Dargelegte zu berücksichtigen.

[2]) Doch siehe hierzu das S. 44 f. Ausgeführte.

Finden statt des ruhigen Liegens im Wachzustand leichte
häusliche Beschäftigungen statt, so erhöht sich der Stoff-
bedarf auf ungefähr

2600 Kalorien brutto (2340 Kal. netto)

bei etwas größerer Eiweißmenge als zuvor.

Mit zunehmender Arbeit steigt dann das erforderliche Nah-
rungsquantum weiter an. Kennt man die hinzukommende
Arbeitsleistung quantitativ genau, so kann man die dafür be-
nötigte Zulage an Kalorien berechnen. Dabei benutzt man als
Maß für die mechanische Arbeit der Muskeln das Kilogramm-
Meter (kgm), d. h. die Arbeit, die geleistet wird, wenn 1 kg
unter Überwindung der Anziehungskraft der Erde 1 m
hoch gehoben wird. Die meisten Berufsarbeiten lassen sich
aber nicht in der gedachten Weise auch nur einigermaßen
genau messen, weshalb man durch eine große Menge von
Stoffwechselversuchen empirisch ermittelt hat, in welchem
Maße die verschiedenen Berufstätigkeiten den Nahrungs-
verbrauch beeinflussen.

Oben (S. 41) wurde eine Kost von etwa 2900 Kalorien brutto
als „mäßiger Arbeit" entsprechend angegeben; das würde also
heißen, daß mäßige Arbeit etwa dann vorliegt, wenn zu dem
Kalorienbedarf für leichte häusliche Beschäftigung (2600 Kal.
brutto) noch ca. 300 Kal. brutto hinzukommen. Durch ein
anschauliches Beispiel erläutert, wäre dies etwa der Fall, wenn
man in einer Stunde einen Weg von 4—5 km unter Ersteigung
einer Höhe von 150 m[1]) zurücklegt.

Im allgemeinen bedarf es für 1000 kgm weiter hinzukom-
mender Arbeit etwa einer Nahrungszulage im Wert von 9 Kal.
brutto. Davon werden aber nur ca. 7,3 Kal. den Muskeln für
die genannte Arbeitsleistung als Nettokalorien zur Verfügung
gestellt, und auch von diesen 7,3 Kal. endlich wird gewöhnlich
noch etwas weniger als der dritte Teil, nämlich etwa 2,34 Kal.

---

[1]) Das wäre etwa die Erhebung des Hainberges (rund 300 m ü. d. M.)
über die Höhe von Göttingen (150 m).

zur Produktion der mechanischen Arbeit von 1000 kgm an-
gelegt. Die Berechnungen, durch die man zu diesen Zahlen
gelangt, seien nur angedeutet: 2,34 Kal. stellen, entsprechend
dem Gesetz von der Erhaltung der Energie, diejenige Wärmemenge dar, welche, vollständig in die mechanische Arbeit der
Hebung eines Gewichtes verwandelt, 1000 kgm liefern würde[1]).
Wenn aber unsere Muskeln diese 1000 kgm leisten sollen, brauchen sie gewöhnlich mehr als das Dreifache der genannten Zahl
von Kalorien, nämlich rund 7,3 Kal., da sie nur mit einem „Nutz-
effekt" von etwa 30% arbeiten. Dieser Betrag von 7,3 Kal.
muß den Muskeln also unverkürzt zur Verfügung gestellt werden. Das ist aber nur dann der Fall, wenn der Bruttowert der
Nahrungszulage für je 1000 kgm ungefähr 9 Kal. beträgt; hiervon werden nämlich ca. 10% nicht ausgenutzt (s. oben S. 39),
und ebensoviel etwa nehmen die Drüsen und Muskeln des Ver-
dauungskanals in Anspruch, um die der Nahrungszulage entsprechend vermehrten sekretorischen und motorischen Leistungen (die sog. Verdauungsarbeit) zu vollbringen.

Auf einen wichtigen Umstand muß bei der Zuteilung einer
durch vermehrte Arbeit erforderten Nahrungszulage noch besonders geachtet werden. In solchen Fällen ist es zweckmäßig,
den Zuschuß an Kalorien zunächst vorwiegend aus Kohlehydraten und Fetten in etwa den früher angegebenen quantitativen Verhältnissen zu entnehmen, da nämlich die Muskelarbeit hauptsächlich von stickstofffreiem Material bestritten
wird. Bei größeren Arbeitsleistungen aber empfiehlt es sich,
auch die Eiweißgaben ansteigen zu lassen, damit bei den höhe-
ren Anforderungen an den Verdauungsapparat alle seine Fähig-
keiten möglichst gleichmäßig belastet und ausgenutzt werden
und da ferner einerseits die Mehrproduktion von stickstoffhaltigen Verdauungssäften mehr Eiweiß erfordert, andererseits

---

[1]) Hierbei ist als sog. mechanisches Äquivalent der Wärmeeinheit
oder Kalorie die mechanische Arbeit von 427 Kilogramm-Metern (kgm)
angenommen. Siehe hierüber die Lehrbücher der Physik.

die bei der Arbeit sich „übenden" Muskeln durch „Eiweiß-
ansatz" ihre Masse vergrößern, also mehr Eiweiß für sich beanspruchen.

Auch zu der oben (S. 39) gemachten Voraussetzung einer
„mittleren Außentemperatur" muß noch eine Erläute-
rung gegeben werden. Es ist ja bekannt, daß unser Nahrungsbedürfnis im allgemeinen bei niedriger Außentemperatur größer
ist als bei hoher; ich sage ausdrücklich Außentemperatur, weil
normalerweise die Innen- oder Eigentemperatur des Menschen
nicht nennenswert von der Temperatur der Umgebung beeinflußt wird. Eine Zunahme der Nahrungsmenge beispielsweise
bei Abnahme der Temperatur erscheint insofern zweckmäßig, als
durch den vermehrten Stoffumsatz die Wärmeproduktion
unseres Körpers verstärkt und dadurch neben anderen Wärme-
schutzvorrichtungen des Organismus den Wirkungen der käl-
teren Umgebung begegnet werden kann. Da der so zu erzielende
Wärmezuschuß hauptsächlich von unseren Muskeln geliefert
wird, so werden wir in solchen Fällen, ebenso wie auch sonst
bei gesteigerten Muskelleistungen, den Mehrbedarf an Kalorien
zweckmäßigerweise in erster Linie durch Kohlehydrate und
Fette decken.

Es ist vielleicht angebracht, die bisherigen allgemeinen Darlegungen über eine quantitativ zweckmäßige Ernährung an
einem einfachen konkreten Beispiel zu erläutern und zu zeigen,
in welcher Weise man seine Tageskost daraufhin prüfen
kann, ob sie zweckmäßig ist oder nicht. In einem solchen Falle
müssen wir zunächst wissen, aus was für Nahrungsmitteln und
aus wieviel Gramm von jedem die Kost zusammengesetzt ist;
wobei auch die Küchenabfälle (s. S. 30) zu berücksichtigen sind.
Dann wird nachgesehen, welche Nahrungsstoffe und wieviel
Gramm Eiweiß, Kohlehydrat und Fett in den einzelnen Nahrungsmitteln enthalten sind und wie es sich mit ihrer Wertigkeit usw. (s. S. 18) verhält. Auf diese Weise läßt sich ermit-
teln, wieviel brauchbares Eiweiß, Kohlehydrat und Fett zur

Verfügung stand, wie viele Kalorien im ganzen und wie viele Eiweißkalorien im besonderen. Angenommen, die Tagesnahrung eines Mannes von 70 kg habe bei mäßiger Arbeit im wesentlichen aus folgendem bestanden:

Gramm	Eiweiß in g	Fett in g	Kohlehydrate in g
100 Kalbfleisch	20	1	—
100 Leberwurst	13	25	12
300 Brot	18	—	150
400 Kartoffeln	8	—	84
150 Reis	8	—	76
100 Spinat	4	—	4
50 Butter	—	42	—
50 Holländer Käse . .	13	15	2
150 Milch	5	6	7
60 Zucker	—	—	60
60 Marmelade	2	—	18
Gramm	91	89	413
Kalorien	373	828	1693

Da wir in dieser Kost insgesamt 2894 Kal. brutto vorfinden, wovon 373 Kal. aus vollwertigem Eiweiß und der Rest aus einer geeigneten Kombination ebenfalls vollwertiger Kohlehydrate und Fette besteht, und da die Nahrung außerdem nicht zuviel Abfälle und Ballast enthält, so können wir sie, bei einem Nettowert von etwa 2605 Kal., als zweckmäßig ansehen.

2. Anorganische Nahrungsstoffe.

Im Anschluß an diese Darlegungen über die zweckmäßigen Mengen der organischen Nahrungsstoffe mögen nun noch ein paar Bemerkungen über die erforderlichen anorganischen Bestandteile der Nahrung, nämlich Mineralsalze, Wasser und Sauerstoffgas, Platz finden.

Was zunächst die Mineralsalze oder Nährsalze anbetrifft, so ist nach den obigen Ausführungen über die qualitative Seite dieser Fragen (S. 33) zu erwarten, daß unsere Kenntnis der quantitativen Verhältnisse erst recht unvollständig sein werde, was auch in hohem Grade zutrifft. Von mehreren Elementen, die in den für uns in Betracht kommenden Mineralsalzen vertreten sind, wurde oben schon angegeben, daß wir nicht wissen, ob sie gewöhnlich nur in anorganischer Bindung, also in Mineralsalzen, oder auch in Verknüpfung mit organischen Nahrungsstoffen aufgenommen werden. Da nun so ziemlich alle die genannten Elemente, wie Natrium, Kalium, Magnesium, Kalzium, Eisen, Phosphor, Chlor, Schwefel, Silizium, Jod und Fluor in unseren Nahrungsmitteln neben anorganischer Bindung auch organisch gebunden vorkommen dürften, so erhebt sich zunächst die Frage, wieviel von jenen Elementen überhaupt, gleichgültig in welcher Bindung, unsere tägliche Kost in verwertbarer Form enthalten muß. Eine Beantwortung dieser Frage sollte eigentlich der anderen, wieviel in anorganischen Salzen darzubieten ist, voraufgehen. Gleichwohl ist die erste dieser beiden Fragen noch kaum systematisch bearbeitet worden, während als Antworten auf die letztere einige lückenhafte und wenig sichere Angaben vorliegen. So ist mitgeteilt worden, daß wir von Kochsalz etwa 5 g brauchten, worin rund 2 g Natrium und 3 g Chlor enthalten wären; ferner von Kalzium 0,6—1,2 g, von Magnesium 0,5 g, von Eisen 0,05 g und von Phosphor 2 g[1]). An eine Unterscheidung zwischen den zur Erhaltung des Lebens notwendigen Minima von Salzen und ihren zweckmäßigen Mengen[2]) kann bei unseren mangelhaften Kenntnissen zur Zeit nicht gedacht werden.

Die schon erwähnte gewöhnlich gemachte Annahme, daß eine hinsichtlich der organischen Nahrungsstoffe zweckmäßig zusammengesetzte Kost auch die erforderlichen Mineralsalze zu enthalten pflege, dürfte in der Regel zutreffen. Als beson-

---

[1]) Zusammenstellungen derartiger Angaben finden sich bei E. Abderhalden, Lehrbuch der physiologischen Chemie, 3. Aufl., II. Teil, S. 807. Berlin und Wien 1915, und R. Tigerstedt, Lehrbuch der Physiologie des Menschen, 7. Aufl., I. Bd., S. 183 ff. Leipzig 1913.

[2]) Siehe S. 11 f.

dere Nährsalzlieferanten seien genannt: Unter den animalischen Nahrungsmitteln z. B. Milch und Eier, unter den Vegetabilien grüne Gemüse, wie Spinat, Salat, Grünkohl, Rosenkohl, ferner auch Kohlrabi, Steinpilze u. a. Falls genügend nährsalzhaltige Nahrungsmittel in der Kost fehlen, so ist, zumal bei Kindern und Schwangeren, ein besonderer Zusatz von verschiedenen Mineralsalzen zu den Speisen geboten. Vielleicht ist letzteres auch sonst bei Erwachsenen öfter der Fall, als man gewöhnlich annimmt[1]).

Von Wasser bedarf der Erwachsene bei mäßiger Arbeit und mittlerer Temperatur, wenn also keine stärkere Schweißsekretion stattfindet, in Speisen und Getränken zusammen etwa 2000 g (2 l).

Der täglich eingeatmete Sauerstoff, dessen Menge mit derjenigen der verarbeiteten organischen Nahrungsstoffe steigt und fällt, beträgt unter den zugrunde gelegten Bedingungen etwa 1200 g.

3. Einfluß von Größe, Geschlecht und Wachstum.

Aus den bisherigen für Männer mittleren Gewichts geltenden Angaben kann man nun für Individuen verschiedener Größe, Geschlechts und Alters entsprechende Kostmaße ableiten.

Gewöhnlich sagt man, daß beim Erwachsenen der Nahrungsbedarf seinem Gewicht proportional sei, daß also ein doppelt so schwerer Mensch doppelt so viel Nahrung brauche. Nach dem obigen Kostmaß, das für einen Erwachsenen von 70 kg Körpergewicht bei mäßiger Arbeit 2900 Kal. brutto festsetzt, kommen auf 1 kg Körpermasse etwa 41 Kal. Danach hätte, wenn das Gewicht maßgebend wäre, ein Mann von 50 kg eine Nahrungsmenge von 50 × 41 = 2050 Kal. zu beanspruchen. Tatsächlich aber ist diese Berechnungsweise nicht ganz richtig; vielmehr ist im allgemeinen der Nahrungsbedarf nicht den Ge-

---

[1]) Mit dieser Möglichkeit hat man zu rechnen bei der Beurteilung von Lahmanns Nährsalzpräparaten, Hirths „Elektrolyt" u. a.

wichten, sondern den Oberflächen der Konsumenten proportional; diese ändern sich aber bei ähnlich geformten Körpern nicht proportional ihren Maßen oder Gewichten sondern proportional den Quadraten der dritten Wurzeln der Massen[1]). Ein Mensch von 75 kg hat z. B. $^1/_3$ Gewicht mehr als ein solcher von 50 kg, seine Oberfläche ist aber nur um weniger als $^1/_4$ größer; der erstere verbraucht daher nur etwa $^1/_4$ oder 25% mehr Nahrung als der letztere und nicht etwa $^1/_3$ oder 33% mehr.

Die erwachsene Frau hat durchschnittlich nur etwa 80% des männlichen Gewichts und 85% seiner Oberfläche, woraus sich eine entsprechende Verminderung ihres Nahrungsbedarfes ergibt; dieser erfährt dann dadurch noch einen weiteren kleinen Abzug, daß der weibliche Stoffwechsel im allgemeinen etwas weniger intensiv ist als der männliche.

Reihen wir hier auch die Kostmaße des wachsenden, besonders des kindlichen Organismus[2]) an. Hierüber sind bezüglich der organischen Nahrungsstoffe bisher einige Angaben gemacht worden, nach denen man gerade in der jetzigen Zeit möglichst zweckmäßiger Rationierung innerhalb einer Familie mit Kindern verschiedenen Alters einigermaßen den Bedürfnissen entsprechend eine beschränkte Nahrungsmasse verteilen kann. Freilich handelt es sich hier nur um ein ungefähres Schema, das auch noch genauerer Prüfung bedarf und für die Kinder vielleicht im allgemeinen eher zu kleine Rationen empfiehlt. Immerhin gewährt es doch gewisse Anhaltspunkte.

In der folgenden Tabelle sind, ausgehend von dem oben angegebenen mittleren Kostmaß für den erwachsenen Mann, die

---

[1]) Das heißt beispielsweise: Die Oberfläche eines Menschen von 75 kg verhält sich zu der eines solchen von 50 kg nicht wie 75 zu 50, sondern wie $\sqrt[3]{75^2}$ zu $\sqrt[3]{50^2}$, also wie 17,8 zu 13,5 oder wie 75 zu 57. Dementsprechend beträgt die Oberfläche des ersteren etwa 2,2 qm, die des letzteren 1,7 qm.

[2]) Siehe hierzu auch S. 66.

Kostmaße für Frau und Kinder, entsprechend ihren besonderen Stoffwechseleigentümlichkeiten und Größenverhält-
nissen in Prozenten derjenigen des Mannes verzeichnet:

Erwachsener Mann	100%	=	2900	Kalorien	brutto
Erwachsene Frau	80 ,,	=	2320	,,	,,
Knaben von 14—17 Jahren	80 ,,	=	2320	,,	,,
Mädchen ,, 14—17 ,,	70 ,,	=	2030	,,	,,
Kinder ,, 10—13 ,,	60 ,,	=	1740	,,	,,
,, ,, 6—9 ,,	50 ,,	=	1450	,,	,,
,, ,, 2—5 ,,	40 ,,	=	1160	,,	,,
,, unter 2 ,,	30 ,,	=	870	,,	,,

Vergleicht man mit den Angaben dieser Tabelle die Wirklichkeit, so gewinnt man leicht den Eindruck, als ob die Kinder,
so wie vor dem Kriege auch vielfach die Erwachsenen, über
das ihnen zuerkannte Kostmaß, auch wenn wir es uns noch
erhöht denken, nicht selten recht erheblich hinausgingen, was
bei Nahrungsknappheit wohl besonders oft auf Kosten der
mütterlichen Rationen geschehen dürfte. Man kann es aber als
wahrscheinlich bezeichnen, daß ein beträchtliches Überschrei-
ten des physiologischen Kostmaßes, das leicht zur Gewohnheit
wird, auf die Dauer dem Körper nicht zuträglich ist, ganz abgesehen von den ökonomischen Gesichtspunkten.

C. Individuelle Eigentümlichkeiten der Konsumenten.
Vegetarianismus und einseitig animalische Kost.

Von besonderen individuellen Anforderungen an die Ernährung seien hier nur einige aus der Lebensweise und dem
Alter sich ergebende behandelt.

Man kann sagen, daß Menschen, die sich viel im Freien
bewegen, im allgemeinen mit einer anderen Kost ihr Aus-
kommen finden als diejenigen, die ihr Beruf zu vielem Sitzen
im Zimmer verurteilt. Bei den ersteren sind Magen und Darm
am ehesten in der Lage, eine voluminöse und ballastreiche
Kost zu verarbeiten, während der Stubensitzer für seinen unter
weniger günstigen Bedingungen befindlichen Verdauungskanal

eine gehaltvollere, ballastärmere Kost braucht, zumal bei angestrengter geistiger Arbeit, die sich mit einem schwer belasteten Magen und einer langdauernden Verdauungstätigkeit nicht verträgt.

Und ähnliche Forderungen muß man auch für Leute stellen, deren Verdauungskanal bis in das höhere Alter an eine weniger voluminöse Kost, als die jetzige ist, gewöhnt worden ist. Da sich bei ihnen Magen und Darm nicht mehr wie bei jüngeren Personen an die heutigen großen Nahrungsmassen anpassen können, so zeigen sie jetzt im allgemeinen eine viel stärkere Abmagerung als jene.

An dieser Stelle mögen einige Worte zur Beurteilung einer ausschließlich oder doch vorwiegend vegetabilischen Nahrung, wie sie der Vegetarianer verlangt, und einer einseitig animalischen Ernährungsweise, wie sie vor dem Kriege auch nicht selten war, beigefügt werden.

Bezüglich des Vegetarianismus hat man eine strenge Form zu unterscheiden, die ausschließlich nur pflanzliche Kost gelten läßt, und eine gemäßigte, die zwar Fleisch und andere Teile des toten Tieres ablehnt, aber Milch, Butter, Käse und allenfalls auch Eier zuläßt.

Der strenge Vegetarianismus ist, obgleich die meisten Menschen gewiß auch auf die Dauer bei ihm bestehen können, und zum Teil sogar sehr gut[1]), doch im Prinzip als unzweckmäßig zu verwerfen. Denn er beraubt uns ganz unnötigerweise hochwertiger Nahrungsstoffe, die außerdem infolge ihrer Verdaulichkeit, ihres geringen Ballastes und ihrer Schmackhaftigkeit gut ausnutzbare Speisen liefern und überdies durch ihre appetitanregenden Wirkungen und die Vermehrung der Abwechslungsmöglichkeiten ganz allgemein die Ausnutzung der Nahrung begünstigen. Ein Vorwurf, der in abgemilderter Form

---

[1]) Siehe hierüber die von M. Hindhede in seiner freilich nicht überall einwandfreien Schrift („Moderne Ernährung", Berlin, Leipzig, Wien, Zürich, ohne Jahreszahl) zusammengestellten Angaben.

auch für den ge mäßigte n Vegetarianismus bestehen bleibt. Und zwar werden sich die angedeuteten Nachteile je nach der individuellen Veranlagung des Konsumenten und seiner Lebensweise mehr oder weniger geltend machen.

Eine vielleicht noch bedenklichere Übertreibung im entgegengesetzten Sinne wie die des Vegetarianers liegt in der ein seitigen Bevorzugung animalischer Kost, besonders des Fleisches. Von der schädlichen Entfachung umfangreicher Fäulnisprozesse im Darm, die zu einer Überschwemmung des Körpers mit giftigen Bakterienprodukten führen kann, war schon oben S. 17 f. die Rede. Auch anderweitige Störungen des Stoffwechsels durch übermäßige Eiweißzufuhr sind denkbar.

Sehr beachtenswert ist, daß die eiweißreichen tierischen Nahrungsmittel, wahrscheinlich durch die Art ihrer ganzen Zusammensetzung, den Fäulnisbakterien unseres Darmes einen besseren Nährboden bereiten als die pflanzlichen; in diesen ist ja das Eiweiß meist mit größeren Mengen von Stärke, Zellulose u. a. innig vermischt, wodurch die Entwicklung andersartiger Bakterien[1]), die den Fäulniserregern das Feld streitig machen, befördert wird. Aus diesem Grunde vor allem dürfte es auch zweckmäßig sein, einen nicht zu kleinen Teil der täglichen Eiweißration von der Pflanze zu beziehen. So hat man empfohlen, nur etwa $^1/_3$ der täglichen 90 g Eiweiß dem Tier zu entnehmen, und derselbe Grund läßt sich für die Beibehaltung von 1—2 fleischlosen Tagen in der Woche auch nach dem Kriege geltend machen[2]). Diese Fragen werden wohl künftig in höherem Maße als bisher beachtet werden, da man jetzt öfters hört, daß Personen, die früher von verschiedenen körperlichen Störungen geplagt wurden, wie besonders Halse ntzün-

---

[1]) Diese den Fäulnisbakterien feindlichen Mikroorganismen sind die Erreger der Milchsäuregärung, der Zellulosegärung u. a.

[2]) Außer diesen physiologischen Gründen sprechen in demselben Sinne auch gewisse öfters geäußerte nationalökonomische Überlegungen mit. Siehe hierüber z. B. N. Zuntz, Ernährung und Nahrungsmittel. Aus Natur und Geisteswelt, Bd. 19. S. 86. Leipzig und Berlin 1918.

dungen, Migräne, Magenschmerzen, überhaupt „Spas-
men" verschiedener Art, sich bei der heutigen kriegsgemäßen
Ernährungsweise erheblich wohler befinden[1]). Und es erscheint
naheliegend, dies mit dem stark eingeschränkten Fleischgenuß
und der so verminderten Darmfäulnis, die sich ja aus der Beschaffenheit des Kotes, besonders seinem Geruch, leicht erkennen läßt, in Zusammenhang zu bringen[2]). In manchen Fällen könnte vielleicht auch die jetzige quantitative Beschrän-
kung der Nahrungsmengen, das Fehlen einer „Überernährung"
und „Luxuskonsumtion" eine günstige Rolle spielen.

Ob den angedeuteten als wahrscheinlich zu bezeichnenden
Nachteilen einer übermäßigen und überwiegenden Fleischzufuhr außer dem Vorteil der Appetitsanregung noch andere
günstige Wirkungen entgegengestellt werden können, ist recht
fraglich.

Man muß also sagen, daß eine „gemischte" Kost in
den oben angegebenen zweckmäßigen Mengenverhältnissen
vor einer einseitig vegetabilischen ebenso wie vor einer
einseitig animalischen einen unzweifelhaften Vorzug beanspruchen darf.

D. Der Preis der Nahrungsmittel.

Die den Preis bestimmende Wertschätzung verschiedener
Nahrungsmittel ist bekanntlich von mehreren Umständen abhängig, wie Nährwert, Schmackhaftigkeit, Häufigkeit des Vorkommens usw. Für unsere Volksernährung ist es aber von
großer Bedeutung, daß durchaus nicht immer die Höhe des

---

[1]) Auch als Schutz gegen die schwere Krankheit der Eklampsie
ist die heutige Ernährungsweise gerühmt worden, aber nicht ohne Wider-
spruch. Andererseits höre ich von einem häufigeren Auftreten der
Furunkulose, was aber vielleicht eher auf einer allgemeinen Unterernährung und einer dadurch auch bedingten Verschlechterung der
Hautfunktionen als auf der qualitativen Änderung der Ernährung be-
ruhen dürfte.

[2]) Siehe oben S. 17 f. und 34 f.

Nährwertes in erster Linie für den Preis ausschlaggebend ist, was uns z. B. der Preis des Brotes und der Kartoffeln zeigt.

Als ungefähren Anhaltspunkt für den Nährwert eines Nahrungsmittels, der im Grunde ja entsprechend den Darlegungen auf Seite 38 von sehr vielen Faktoren abhängt, verwendet man bei solcher Beurteilung den Gehalt des Nahrungsmittels an hochwertigen Eiweißkörpern und stickstofffreien organischen Nahrungsstoffen oder auch seinen Kaloriengehalt, unter Berücksichtigung der Eiweißkalorien.

Vergleichen wir nach dem letztgenannten Gesichtspunkte die vor dem Krieg üblichen Preise von Kartoffeln und Brot mit solchen von Fleisch, Fisch und beliebten Gemüsen, wie Kohlrabi und Blumenkohl! Es kosteten:

1000 Kal. (darunter	87	Eiweiß-Kal.)	aus	Kartoffeln	0,11 M.
1000 ,,	,,	100 ,,	,, ,,	Roggenbrot	0,13 ,,
1000 ,,	,,	206 ,,	,, ,,	Rindfleisch (fett) .	0,50 ,,
1000 ,,	,,	170 ,,	,, ,,	Aal.	0,65 ,,
1000 ,,	,,	255 ,,	,, ,,	Kohlrabi	1,10 ,,
1000 ,,	,,	320 ,,	,, ,,	Blumenkohl	1,90 ,,

Aus derartigen Vergleichen ergibt sich ferner die bemerkenswerte, von physiologischer Seite schon öfters bedauerte Tatsache, daß schon vor dem Kriege unsere Gemüse im allgemeinen verhältnismäßig viel zu teuer waren. Dieses auch in der Kriegszeit fort bestehende geradezu sinnlose Mißverhältnis zwischen Nährwert und Preis bei gewissen Gemüsen, deren Anbau durchaus keine entsprechenden Kosten und Mühen erfordert, bringt Rubner in einer für Ende Februar 1916 geltenden Preistabelle, von der hier einiges wiedergegeben sei, sehr gut zum Ausdruck[1]). Es wird hier gezeigt, wieviel Kalorien im ganzen bei verschiedenen Nahrungsmitteln in derjenigen Menge vorhanden sind, die man für den Preis von 1 M. erhält. Als Vergleichsgrundlage dienen wieder Kartoffeln und Schwarzbrot. Es lieferten für 1 M.:

[1]) M. Rubner, Über Nährwert einiger wichtiger Gemüsearten und deren Preiswert, S. 28. Berlin 1916.

Kartoffeln . . . . 11 025 Kalorien
Schwarzes Brot (kartoffelhaltig) . . . . 6 510   „
Steckrüben (Kohlrüben) . . . . 2 753   „
Rote Rüben . . . . 1 125   „
Äpfel   510   „
Eier   468   „
Wirsing   463   „
Rosenkohl   434   „
Rotkraut   421   „
Spinat   373   „

Wer in der Lage ist, einen Teil seines Gemüsebedarfes durch eigenen Anbau zu decken, der wird zweckmäßigerweise für diese Selbsterzeugung in erster Linie möglichst die teuren Sorten wählen, soweit sie wegen ihres Nährsalzgehaltes, ihres relativen Eiweißreichtums und ihres Wohlgeschmackes schätzenswert sind; ein solches Verfahren liegt nicht nur im eigenen Interesse, sondern auch in dem einer angemessenen Preissenkung der zu teuren Gemüsearten.

VIII. Unsere Ernährung im Kriege.

(Das Rationierte und die nichtrationierten Ergänzungen. Die städtische Speisehalle in Göttingen. Einige spezielle Ratschläge.)

Wir wollen zunächst nachsehen, wie sich unsere heutige Ernährung qualitativ und quantitativ etwa darstellt. Sie ist aus zweierlei zusammengesetzt: Erstens aus dem, was jedem Individuum durch die allgemeine Rationierung zuerteilt wird, und zweitens aus den nicht rationierten Nahrungsmengen, die wir als Ergänzung zu dem Rationierten hinzufügen[1]).

1. Das Rationierte zerfällt in konstante und in unregelmäßig periodisch sich wiederholende Zuweisungen. Bei ihrer

---

[1]) Ich lege hier die Ernährungsverhältnisse etwa der zweiten Hälfte des Jahres 1917 zugrunde.

Beurteilung gehen wir am besten von den Nahrungsmengen aus, die dem Erwachsenen in 1 Woche zur Verfügung stehen, woraus sich dann die Tagesquanta berechnen.

a) Die konstanten Zuweisungen betragen in 1 Woche:

Brot	2000 g	mit etwa	4600 Kal.,	darunter	410	Eiweiß-Kal.	
Kartoffeln	3500 „	„	„	3080 „	„	287	„ „
Fleisch	250 „	„	„	325 „	„	205	„ „
Butter	50 „	„	„	400 „		—	
Zucker	125 „	„	„	512 „		—	

Das sind im ganzen wöch. 8917 Kal. brutto mit 902 Eiweiß-Kal. woraus sich für 1 Tag ergeben:

rund 1300 Kal. (brutto) mit 130 Eiweiß-Kal. (brutto).

Hierzu kommen nun noch:

b) Die unregelmäßig periodisch rationierten Zu-, weisungen auf Grund von „Lebensmittelmarken", wie sie, freilich in verschiedener Weise, wohl in allen Städten üblich sind. So konnte man hier in Göttingen im Laufe längerer Zeit hin und wieder das eine oder andere der folgenden Nahrungsmittel in geringen Mengen von der Stadt beziehen: Hering, Eier, Nudeln, Hafer, Graupen, „Mischmehl", Dörrgemüse, Gemüsekonserven, Marmeladen, Kunsthonig, Zucker, Sirup, Öl, Rohtalg, „Schmalzersatz". Doch fielen diese Rationen nur wenig ins Gewicht und können wohl höchstens auf täglich

100 Kal. (brutto) mit vielleicht 10 Eiweiß-Kal.

veranschlagt werden. Demnach ergibt sich als tägliche Summe aller rationierten Kalorien etwa: 1400 Kalorien mit 140 Eiweißkalorien, also weniger als die Hälfte unseres oben als zweckmäßig angenommenen mittleren Kostmaßes von 2900 Kal. (brutto) mit 370 Eiweiß-Kal. (brutto).

Hinzu gesellen sich nun aber ferner:

2. Die nicht rationierten Ergänzungen. Über diese ist freilich etwas Allgemeingültiges nicht auszusagen. Denn die Verhältnisse liegen bekanntlich nicht nur in Stadt und Land sondern auch in verschiedenen Städten sehr ungleich. Und selbst wenn man sich auf eine Stadt beschränkt, so ist hier

einerseits zwischen den Ernährungsbedingungen verschiedener
Bevölkerungsgruppen zu unterscheiden und andererseits gehen
auch hinsichtlich derselben Fragen die Ansichten zum Teil aus-
einander. Darüber ist zwar wohl nicht zu streiten, daß für denjenigen Städter, der sich ganz streng an die Vorschriften über
die beschlagnahmten Lebensmittel hält, ohne gleichzeitig über
weitreichende Geldmittel zu verfügen, die erreichbaren nichtrationierten Kalorien nicht genügen, um die rationierten so
weit zu vervollständigen, daß eine zweckmäßige Ernährung
zustande kommt. Vielleicht darf man sagen, daß derjenige,
der alle Möglichkeiten ausfindig zu machen weiß, nicht beschlag-
nahmte hochwertige Nahrungsmittel zu erwerben, und bei dem
das Geld keine Rolle spielt, etwa die erforderlichen Nahrungsmengen zusammenbringen wird. Doch wird das auch bestritten
und behauptet, daß infolge der ungenügenden Erfassung und
Verteilung der bei sparsamem Verbrauch wohl für unser
ganzes Volk ausreichend vorhandenen Nahrungsmittel der
Städter nur durch Selbsthilfe instand gesetzt werde, sich,
wenn auch nicht hinsichtlich der Fettkalorien, so doch wenigstens bezüglich der Gesamtkalorien und der Eiweißkalorien
mehr oder minder der Grenze einer zweckmäßigen Ernährung
zu nähern.

Es ist nicht meine Absicht, die eben angedeuteten heiklen
Fragen hier näher zu behandeln, vielmehr möchte ich nur zu
zeigen versuchen, was man sich bei einer „vorschriftsmäßigen"
Ernährungsweise außer dem Rationierten etwa noch an Nahrung zuführen kann. Es ist einleuchtend, daß die Grenze hierfür im wesentlichen durch dreierlei gezogen wird: nämlich
durch die erhältliche Menge der nicht beschlagnahmten
Nahrungsmittel, die Aufnahmefähigkeit des Verdau-
ungskanals und die verfügbaren Geldmittel. Unter dem
erhältlichen Material stehen wohl an erster Stelle gewisse Gemüse; ihr Nährwert ist aber, wie wir sahen[1]), relativ gering,

---

[1]) S. 29.

so daß wir uns für eine reichlichere Gewinnung von nutzbaren Kalorien größere Massen einverleiben müßten, als unser Verdauungskanal zu bewältigen vermag. Daher können neben der rationierten Hauptnahrung von den meisten Gemüsen wohl nicht mehr als 300—500 g des kochbereiten[1]) Materials an einem Tage genossen werden. Was unter diesen Umständen etwa in der zweiten Hälfte des vorigen Jahres für den Durchschnitt einer Woche an Kalorien von Gemüsen bezogen werden konnte und was sich etwa sonst noch hinzufügen ließ ohne besonderen Aufwand und ohne eigenen Anbau von beschlagnahmten hochwertigen Nahrungsmitteln, wie Bohnen, Erbsen u. a., ist in der folgenden Tabelle zusammengestellt:

	Gramm	Gesamt-Kalorien	Eiweiß-Kalorien
Spinat	400	138	61
Braunkohl (Grünkohl) .	400	213	49
Rotkohl	300	97	15
Rosenkohl	300	147	57
Weißkohl	400	111	29
Grüne Bohnen.	200	78	22
Kohlrabi . . ·	200	89	23
Mohrrüben	300	126	15
Steckrüben (Kohlrüben)	400	142	23
Pilze	100	26	12
Äpfel, Birnen	200	77	3
Quarkkäse u. a.	100	112	86
Mager- und Buttermilch	3000	959	394
Fisch	20	15	14
Kuchen, Torte	250	850	85
		3182	887

Aus den so für 1 Woche sich ergebenden 3182 Gesamtkalorien (brutto) mit 887 Eiweißkalorien berechnet man für 1 Tag einen Zuschuß zu den rationierten Kalorien im Betrage von 455 Gesamtkalorien (brutto) mit 127 Eiweißkalorien (brutto).

Dieser Kalorienbetrag sei als „Zuschuß I" bezeichnet. Man

[1]) Siehe hierüber S. 30.

sieht, daß die täglichen großen Gemüsemassen nicht viele Kalorien einbringen.

Hat sich ferner jemand reichlich mit selbstverfertigter Marmelade versorgt und etwa Leguminosen für den eigenen Haushalt angebaut, so gewinnt er dadurch eine weitere Zulage. Wenn ich hierfür Zahlen angebe, so sollen diese nur der Veranschaulichung dienen, da sie einen ganz beliebigen Fall setzen[1]). Mit wöchentlich:

	Gramm	Gesamt Kalorien	Eiweiß-Kalorien
Bohnen usw. (selbst gezogen)	250	785	263
Marmelade (selbst bereitet)	500	636	51
		1421	314

kämen so für 1 Tag weiter hinzu:

203 Gesamtkalorien (brutto) mit 45 Eiweißkalorien (brutto).

Dieser Betrag heiße „Zuschuß II".

Nicht minder hypothetisch als die vorherigen Angaben sind diejenigen über die folgenden Nahrungsmengen, die bei weitergehendem Aufwand in 1 Woche etwa noch hinzuerworben werden könnten. Hier ist von der gewiß berechtigten Voraussetzung ausgegangen, daß von diesen Materialien nur eine beschränkte Zahl von Konsumenten Gebrauch macht, da eben mit Zunahme dieser Zahl die auf den einzelnen entfallenden Mengen abnehmen müssen.

	Gramm	Gesamt-Kalorien	Eiweiß-Kalorien
Fischkonserven	200	350	160
Kaninchenleberwurst	250	680	100
Dänische Vollmilch	1000	671	139
Kuchen usw.	500	1700	170
Honig	500	1643	23
		5044	592

[1]) Es könnte z. B. auch noch mit einer Selbsterzeugung von Kartoffeln u. a. gerechnet werden.

Die in dieser Kombination von Nahrungsmitteln enthaltenen Kalorien würden die **Tagesrationen** erhöhen um weitere 721 Gesamtkalorien (brutto) mit 85 Eiweißkalorien (brutto).

Wir wollen die aus diesen Quellen stammende Kalorienmenge „Zuschuß III" nennen.

Sehen wir jetzt einmal nach, was für eine **tägliche** Kostmenge wir durch Zusammenrechnung der **rationierten** und der hypothetischen **nichtrationierten** Anteile unserer täglichen Nahrungskalorien erreichen! Und zwar sei zunächst nur das Rationierte und der „Zuschuß I" (S. 58) zusammengenommen:

	Gesamt-Kalorien (brutto)	Eiweiß-Kalorien (brutto)
Rationiert.	1400	140
Zuschuß I	455	127
Summe	1855	267

Wenn wir diese Summe mit dem **zweckmäßigen** täglichen Kostmaß vergleichen, so ergibt sich ein erhebliches Defizit. Und diesem Defizit der Bruttowerte entspricht ein noch größeres der Nettowerte, da die vorwiegend vegetabilische voluminöse Nahrung verhältnismäßig schlecht ausgenützt wird und viel Verdauungsarbeit erfordert (s. S. 44), so daß man von den Bruttowerten statt der gewöhnlichen 10% (s. S. 38) wohl 20% und mehr abziehen muß, um die den lebenden Zellen wirklich zugute kommenden Nettobeträge von Nahrungsstoffen und ihren Kalorien zu erhalten.

Bei Hinzunahme von „Zuschuß II" (S. 59) zu der vorigen Summe ergibt sich ferner:

	Gesamt-Kalorien (brutto)	Eiweiß-Kalorien (brutto)
Vorherige Summe	1855	267
Zuschuß II	203	45
Summe	2058	312

Auch so bleiben wir dem zweckmäßigen Bruttobetrag noch recht fern und nähern uns ihm erst, wenn wir auch „Zuschuß III" noch heranziehen:

	Gesamt-Kalorien (brutto)	Eiweiß-Kalorien (brutto)
Vorherige Summe	2058	312
Zuschuß III	721	85
Summe.	2779	397

Wenn wir auf diese Weise nun auch die Bruttowerte der zweckmäßigen Gesamtkalorienmenge bis auf einige Prozente erreicht und die der Eiweißkalorien sogar ein wenig überschritten haben, so bleibt doch bei einem Ausnutzungskoeffizienten von 80 % (s. oben) der Nettobetrag der Gesamtkalorien mit 2223 hinter der zweckmäßigen Menge von 2610 Kalorien erheblich zurück.

Freilich sind ja immer noch weitere Zuschüsse denkbar, die aber teils nur umständlich realisierbar, teils teuer und nur gelegentlich zu erlangen sind; es sei nur das Halten von Gänsen, Enten, Hühnern, Ziegen (für Milch), Kaninchen usw. genannt oder auch Nahrungsmittel wie Gänseleberpastete, Spickaal u. dgl. Jedenfalls aber sehen wir aus diesen Zusammenstellungen, daß für die Hauptmasse unseres Volkes eine zweckmäßige Ernährung auf „vorschriftsmäßigem" Wege nicht möglich ist. Das hat auch die zum Teil recht starke Abmagerung einer beträchtlichen Anzahl von Erwachsenen besonders in den ersten Zeiten der großen Nahrungsknappheit gezeigt, während inzwischen die ungenügende Erfassung der beschlagnahmten Nahrungsmittel durch eine gewisse Selbstregulierung stellenweise kompensiert worden ist.

Daß wir im allgemeinen die als zweckmäßig zugrunde gelegte Nahrungsmenge nicht erreichen, muß man, wenn das Defizit nicht zu groß wird, nicht allzu schwer nehmen. Denn einerseits stellt die erstere einen Wert dar, der für alle Fälle

cher etwas zu hoch gegriffen ist und daher unter sonst günstigen Lebensbedingungen auch einmal eine Zeitlang etwas
unterschritten werden kann; das zweckmäßige Kostmaß ist
nämlich so gewählt, daß es durchschnittlich einen kleinen Nah-
rungsüberschuß bieten soll, der für den Fall von Krankheiten
mit Verdauungsstörungen und gesteigertem Stoffumsatz, von
unerwartet vermehrter Arbeit u. dgl. auch die Anlage gewisser
Reserven in unserem Körper ermöglicht. Andererseits dürfen wir
annehmen, daß man ohne Gefahr für die Gesundheit und ohne
Störung des Wohlbefindens selbst längere Zeit bei etwas geringerem als dem „optimalen Stoffumsatz" (S. 11) zu bestehen
vermag, zumal da der Organismus dann im allgemeinen ökonomischer arbeitet. In diesem Sinne scheinen auch die Er-
fahrungen mit der Kriegsernährung zu sprechen. Nicht wenige
Menschen haben sich trotz erheblicher Abmagerung ihr Wohlbefinden und ihre Leistungsfähigkeit unverändert erhalten und
bei manchen sogar hat beides gegen früher eine Steigerung
erfahren; vielleicht deshalb, weil eine geringe Unterernährung
bei einigermaßen qualitativ zweckmäßiger Kost zuträglicher
ist als Überernährung, besonders mit zuviel animalischen Nahrungsmitteln (s. S. 52). Daß demgegenüber auch weniger günstige Wirkungen der Kriegsernährung beobachtet worden sind,
wird uns nicht überraschen. Wieweit hier die unzureichende
Nahrung schuld war und wieweit ihre Wirkungen durch Alters-
erscheinungen, schwache Gesundheit und sonstige individuelle
Verhältnisse mitbedingt waren, kann nur durch die nähere
Untersuchung des einzelnen Falles festgestellt werden.

Im Anhang sei hier noch gezeigt, wie man durch die Benutzung der Städtischen Speisehalle in Göttingen einen
Zuschuß zu seiner täglichen Nahrung zu gewinnen vermag.
Da ähnliche Einrichtungen in vielen Städten getroffen sind,
dürfte die rechnerische Behandlung dieser Frage von allge-
meinerem Interesse sein.

Wesentlich ist, daß man bei Beziehung von Speisen aus der

städtischen Küche, die im allgemeinen aus gutem Material und schmackhaft bereitet sind, Kartoffel- und Fleischmarken abgeben muß, und es fragt sich daher, wieviel Kalorien man für die damit abgetretenen Kartoffel- und Fleischkalorien von der Speisehalle herausbekommt. Von der Beantwortung dieser Frage wird es für diejenigen, die eigenen Haushalt führen, in erster Linie abhängen, ob für sie eine Benutzung der städtischen Einrichtung zweckmäßig ist oder nicht.

Bei Entnahme von $1^1/_2$ Portionen[1]), d. h. 1 Liter des städtischen Essens, muß man an Kartoffelmarken so viel abgeben, wie $^2/_3$ der täglichen Kartoffelration entspricht, und an Fleischmarken den Betrag für die halbe Tagesration. In Kalorien ausgedrückt wird also täglich abgezogen:

von Kartoffeln 293 Kalorien (brutto) mit 27 Eiweißkalorien
„ Fleisch 23 „ „ „ 15 „

Summe 316 Kalorien (brutto) mit 42 Eiweißkalorien.

Dagegen kriegt man in 1 Liter Essen aus der Speisehalle nach den mir vorliegenden Angaben durchschnittlich geliefert:

818 Kalorien (brutto) mit 110 Eiweißkalorien.

Demnach gewährt die Speisehalle einen Gewinn von $818 — 316 = 502$ Kalorien mit $110 — 42 = 68$ Eiweißkalorien.

Der dieser Berechnung zugrunde gelegte Kalorienwert von 1 Liter der städtischen Kost entspricht dem Durchschnitt aus 8 Tagen, in denen das Essen stets verschieden zusammengesetzt war[2]). Zur Veranschaulichung mögen einige Proben der Zusammensetzung gegeben werden, und zwar sei hierfür aus den mir zur Verfügung stehenden Angaben das kalorienreichste

[1]) 1 Portion beträgt 0,6 Liter, $^1/_2$ Portion 0,4 Liter. Es ist am vorteilhaftesten, $1^1/_2$ Portionen zu beziehen, da man hierfür nicht mehr Kartoffel- und Fleischmarken abgeben muß als für 1 Portion.

[2]) Freilich waren in der mir vorliegenden Zusammenstellung die Speisen mit geringerem Kaloriengehalt wohl weniger vertreten als in Wirklichkeit, so daß sich nach meiner Schätzung ihr durchschnittlicher Kaloriengehalt und damit auch der oben berechnete Gewinn etwas geringer darstellen dürfte.

und das kalorienärmste Mahl ausgewählt. In den folgenden Tabellen ist angegeben, wieviel Gramm der Handelsware der einzelnen Nahrungsmittel und wieviel an „Kochzutaten" auf je 1 Liter des städtischen Essens entfielen, woraus dann unter Berücksichtigung der Küchenabfälle die tatsächlich in 1 Liter enthaltenen Gesamtkalorien und Eiweißkalorien in Bruttowerten berechnet wurden. Die Küchenabfälle stellte ich in der Weise in Rechnung, daß ich bei denjenigen Nahrungsmitteln, wo sie ins Gewicht fielen, wie bei Rotkohl, Kartoffeln und Äpfeln, von den Kalorienzahlen, die sich für die verwendete Menge der Handelsware ergaben, einen bestimmten Prozentsatz abzog; so von den Gesamtkalorien und Eiweißkalorien des Rotkohls 27%, der Kartoffeln 10%, der Äpfel 40% (s. S. 29).

Kalorienreichstes Essen der Zusammenstellung.

	Gramm	Gesamt-Kalorien	Eiweiß-Kalorien
Erbsen..	200	653	93
Kartoffeln.	300	256	22
Wurzeln.	15	6	1
Schweinefleisch.	40	70	33
Schmalz.	2,5	24	0
		1009	149

Kalorienärmstes Essen der Zusammenstellung.

	Gramm	Gesamt-Kalorien	Eiweiß-Kalorien
Rotkohl	460	108	18
Kartoffeln	330	282	24
Äpfel	80	31	1
Weizenmehl	15	52	7
Schmalz	2,5	24	0
Zucker	5	25	0
		522	50

Als Mittel aus dem Kaloriengehalt dieser beiden Eßproben erhalten wir:

766 Gesamtkalorien (brutto) mit 100 Eiweißkalorien (brutto),

was der Wirklichkeit wohl näher kommt, als die frühere Angabe (S. 63), aber aus dem genannten Grunde eher auch noch etwas zu hoch ist. Wenn nun auch wegen der schlechteren Ausnützung der vorherrschenden vegetabilischen Nahrungsmittel hier, wie überhaupt bei unserer Kriegskost, der Nettowert etwa 20% unter dem Bruttowert liegt (statt der sonst im allgemeinen angenommenen 10%), so stellt der Überschuß von etwa 450 Bruttokalorien mit etwa 58 Eiweißkalorien doch jedenfalls eine recht schätzenswerte Zulage zu unserer täglichen Nahrung dar, deren Wahrnehmung sehr empfohlen werden kann.

Zum Schlusse möchte ich noch auf einige weitere Gesichtspunkte hinweisen, die mir in Anbetracht unserer heutigen Ernährungsverhältnisse beachtenswert erscheinen:

So muß man sich klarmachen, welche Nahrungsmittel besonders eiweißreich sind, und diese dann in zweckmäßiger Weise mit den weniger gehaltvollen kombiniert auf längere Zeit verteilen. Von den hochwertigen Bohnen, Erbsen und dergleichen bestreite man nicht etwa eine ganze Mahlzeit, sondern strecke sie mit anderen eiweißärmeren und überhaupt weniger konzentrierten Nahrungsmitteln. Wenn man beispielsweise für 2 Tage neben sonst je gleichen Nahrungsmengen etwa noch 300 g Bohnen und 600 g Mohrrüben zur Verfügung hat, so genieße man nicht an dem einen Tage die sämtlichen Bohnen mit ihren

945 Gesamtkalorien bei 316 Eiweißkalorien

und am anderen Tage nur die Mohrrüben mit ihren

270 Gesamtkalorien bei 30 Eiweißkalorien.

Sonst kann man leicht an dem einen Tage mehr Kalorien, besonders mehr Eiweißkalorien, bekommen als man braucht, und am anderen zu wenig. Ein solcher kurzdauernder Überschuß an dem wertvollen Eiweiß hat aber für den Organismus keinen besonderen Nutzen, da er gewöhnlich zu einer verschwenderischen Mehrzersetzung führt, die den optimalen Umsatz (S. 11) nicht weiter verbessert; vor allem schützt er nicht gegen einen am nächsten Tage sich einstellenden Mangel an Eiweiß. Bei öfterer Wiederholung können sich Mißgriffe der angedeuteten Art sehr fühlbar machen.

Ferner empfiehlt es sich heute mehr denn je, alle pflanzlichen Nahrungsmittel, die Zellwände aus Zellulose usw. enthalten (s. oben S. 23 f.), in der Küche und durch gutes Kauen möglichst zu z er k l ei n er n und a u f z u l o c k e r n, da auf diese Weise die Ausnutzung der Nahrung sehr gefördert wird.

Sodann sei nochmals daran erinnert, daß ein viele Jahrzehnte hindurch an weniger voluminöse Kost gewöhnter Magen-Darm-Kanal älterer L e u t e sich nicht mehr derart an eine große Belastung anzupassen vermag wie ein jugendlicher. Daher sollte man solchen älteren Personen, die jetzt stark abmagern, möglichst viel von der konzentrierteren Nahrung lassen und die voluminöseren Speisen im allgemeinen mehr den noch anpassungsfähigen wachsenden Individuen zuweisen, die auch unter solchen Umständen vortrefflich gedeihen. Da die Kinder sehr häufig gewohnt sind, erheblich über ihren Bedarf zu essen, werden sie in der Regel auch bei einer weniger konzentrierten Kost leicht zu den nötigen Kalorien mit dem erforderlichen Eiweiß kommen.

Wessen Magen nicht viel auf einmal verträgt, der soll lieber öfters essen, also möglichst Z w i s c h e n m a h l z e i t e n einschalten; aber doch so, daß der Magen Zeit hat, sich vor jeder neuen Zufuhr genügend zu entleeren. Es kann daher zweckmäßig sein, die erste Mahlzeit recht früh zu nehmen. Jedenfalls ist das häufig vertretene Schema, wonach man nur drei Mahlzeiten am Tage haben solle, vor allem heute nicht begründet und den individuellen Eigentümlichkeiten des Konsumenten jeder Spielraum zu lassen.

Endlich sei, auch im Interesse der Sparung von Nahrungsmitteln, von unnötigen starken Muskelanstrengungen
abgeraten, entgegen der nicht selten angetroffenen Meinung,
daß solche besonders gesundheitsfördernd seien. Wohl aber
schafft eine mäßige Bewegung in frischer Luft günstige Bedingungen für die Verdauung und Ausnutzung der Nahrung,
was besonders für die jetzige voluminöse Kost von Wichtig-
keit ist (s. auch S. 50). Heftige körperliche Anstrengung dagegen stört eher und führt zur Vergeudung des vielleicht ohne-
dies schon nicht ausreichenden Nahrungsmaterials. Ein Mehr-
verbrauch von einigen hundert Kalorien ist, wie wir S. 43f.
sahen, leicht zustande gebracht.

Druck der Spamerschen Buchdruckerei in Leipzig.

Verlag von Julius Springer in Berlin W 9

System der Ernährung
Von Dr. Clemens Freiherr v. Pirquet
o. ö. Professor für Kinderheilkunde und Vorstand der Universitäts-Kinderklinik
in Wien
Erster Teil. Mit 3 Tafeln und 17 Abbildungen
1917. Preis M. 8.—

* Ernährungstafeln
Von Dr. Clemens Freiherr v. Pirquet
o. ö. Professor für Kinderheilkunde an der Universität Wien. 1917
Tafel I: **Ernährung des Menschen.** (Aufgezogen) M. 2.40
Tafel II: **Einkauf von Nahrungsbrennstoff.** (1 Block = 50 Stck.) M. 10.—
Tafel III: **Einkauf von Nahrungseiweiß.** (1 Block = 50 Stck.) M. 8.—

* Die Grundlagen unserer Ernährung
unter besonderer Berücksichtigung der Jetztzeit
Von **Emil Abderhalden**
o. ö. Professor der Physiologie an der Universität zu Halle a. S.
Zweite, unveränderte Auflage. Mit 2 Textabbildungen
1917. Preis M. 2.80

* Synthese der Zellbausteine in Pflanze und Tier
Lösung des Problems der künstlichen Darstellung der Nahrungsstoffe
Von Prof. Dr. **Emil Abderhalden**
Direktor des Physiologischen Institutes der Universität zu Halle a. S.
1912. Preis M. 3.60; gebunden M. 4.40

* Neuere Anschauungen
über den Bau und den Stoffwechsel der Zelle
Von **Emil Abderhalden**
o. ö. Professor der Physiologie an der Universität zu Halle a. S.
Zweite Auflage
1916. Preis M. 1.—

Nährwerttafel
Gehalt der Nahrungsmittel an ausnutzbaren Nährstoffen, ihr Kalorienwert und Nährgeldwert, sowie der Nährstoffbedarf des Menschen
Graphisch dargestellt
von Geh. Reg.-Rat Dr. **J. König**
ord. Prof. an der Westfälischen Wilhelms-Universität in Münster i. W.
Eine Tafel in Farbendruck nebst erläuterndem Text, in Umschlag.
Elfte, verbesserte Auflage. Dritter Abdruck
1917. Preis M. 2.40

* Teuerungszuschlag für die vor dem 1. Juli 1917 erschienenen Bücher:
auf geheftete 20 %, auf gebundene 30 %.

Verlag von Julius Springer in Berlin W 9

Allgemeine diätetische Praxis
Von Prof. Dr. med. Chr. Jürgensen
Kopenhagen
1918. Preis M. 18.—

*Kochlehrbuch und praktisches Kochbuch
für Ärzte, Hygieniker, Hausfrauen, Kochschulen
Von Prof. Dr. Chr. Jürgensen
Kopenhagen
Mit 31 Abbildungen und Tafeln
1910. Preis M. 8.—; gebunden M. 9.—

*Diätetische Küche
für Klinik, Sanatorium und Haus
Zusammengestellt mit besonderer Berücksichtigung der
Magen-, Darm- und Stoffwechselkranken
von Dr. A. und Dr. H. Fischer
Sanatorium „Untere Waid" bei St. Gallen i. d. Schweiz
1913. Preis gebunden M. 6.—

*Diätetik innerer Erkrankungen
Zum praktischen Gebrauch für Ärzte und Studierende
Nebst einem Anhang: Die diätetische Küche
Von Prof. Dr. Th. Brugsch
Assistent der II. Medizin. Klinik der Universität Berlin
1911. Preis M. 4.80; gebunden M. 5.60

*Diätetik der Stoffwechselkrankheiten
Von Dr. Wilhelm Croner
1913. Preis M. 2.80; gebunden M. 3.40

*Pflege und Ernährung des Säuglings
Ein Leitfaden für Pflegerinnen und Mütter
Von Dr. M. Pescatore
Sechste Auflage. (58.—77. Tausend)
Bearbeitet von
Prof. Dr. Leo Langstein
Direktor des Kaiserin Auguste Victoria-Hauses zur Bekämpfung der Säuglings-
sterblichkeit im Deutschen Reiche. 1917
Einzelpreis kartoniert M. 1.20; von 20 Exempl. an M. 1.10;
von 50 Exempl. an M. 1.—; von 100 Exempl. an M. —.90

* Teuerungszuschlag für die vor dem 1. Juli 1917 erschienenen Bücher:
auf geheftete 20%, auf gebundene 30%.

Verlag von Julius Springer in Berlin W 9

System der Ernährung
Von Dr. Clemens Freiherr v. Pirquet
o. ö. Professor für Kinderheilkunde und Vorstand der Universitäts-Kinderklinik
in Wien
Erster Teil. Mit 3 Tafeln und 17 Abbildungen
1917. Preis M. 8.

*Ernährungstafeln
Von Dr. Clemens Freiherr v. Pirquet
o. ö. Professor für Kinderheilkunde an der Universität Wien. 1917
Tafel I: **Ernährung des Menschen.** (Aufgezogen) M. 2.40
Tafel II: **Einkauf von Nahrungsbrennstoff.** (1 Block = 50 Stck.) M. 10.—
Tafel III: **Einkauf von Nahrungseiweiß.** (1 Block = 50 Stck.) M. 8.—

*Die Grundlagen unserer Ernährung
unter besonderer Berücksichtigung der Jetztzeit
Von **Emil Abderhalden**
o. ö. Professor der Physiologie an der Universität zu Halle a. S.
Zweite, unveränderte Auflage. Mit 2 Textabbildungen
1917. Preis M. 2.80

*Synthese der Zellbausteine in Pflanze und Tier
Lösung des Problems der künstlichen Darstellung der Nahrungsstoffe
Von Prof. Dr. **Emil Abderhalden**
Direktor des Physiologischen Institutes der Universität zu Halle a. S.
1912. Preis M. 3.60; gebunden M. 4.40

*Neuere Anschauungen
über den Bau und den Stoffwechsel der Zelle
Von **Emil Abderhalden**
o. ö. Professor der Physiologie an der Universität zu Halle a. S.
Zweite Auflage
1916. Preis M. 1.—

Nährwerttafel
Gehalt der Nahrungsmittel an ausnutzbaren Nährstoffen, ihr Kalorienwert und Nährgeldwert, sowie der Nährstoffbedarf des Menschen
Graphisch dargestellt
von Geh. Reg.-Rat Dr. **J. König**
ord. Prof. an der Westfälischen Wilhelms-Universität in Münster i. W.
Eine Tafel in Farbendruck nebst erläuterndem Text, in Umschlag.
Elfte, verbesserte Auflage. Dritter Abdruck
1917. Preis M. 2.40

*Teuerungszuschlag für die vor dem 1. Juli 1917 erschienenen Bücher:
auf geheftete 20 %, auf gebundene 30 %.